网络工程师考试

主　编　薛大龙　王开景
副主编　韩　玉　田　禾
　　　　金　麟　刘　伟

适配第6版考纲

32小时通关

中国水利水电出版社
www.waterpub.com.cn
·北京·

内 容 提 要

网络工程师考试是全国计算机技术与软件专业技术资格（水平）考试（简称"软考"）中的中级资格考试，通过网络工程师考试可获得工程师职称。

本书依据最新第 6 版考试大纲编写，全面深入地解析知识点，对内容结构进行了科学的优化重组。采用双色印刷技术，突出重点，可有效提升考生的学习效率。此外，本书在每一章节后均附有练习题，为考生提供了一站式的学习及练习解决方案。通过学习本书，考生能够掌握考试核心要点、熟悉题型及解题方法和技巧。

本书适合备考网络工程师考试的考生学习参考，也适合各类培训班作为教学材料使用。

图书在版编目（CIP）数据

网络工程师考试 32 小时通关：适配第 6 版考纲 / 薛大龙，王开景主编. -- 北京：中国水利水电出版社，2025. 4. -- ISBN 978-7-5226-3364-0

Ⅰ．TP393

中国国家版本馆 CIP 数据核字第 202500U6G4 号

责任编辑：周春元　　加工编辑：韩莹琳　　封面设计：李佳

书　名	网络工程师考试32小时通关（适配第6版考纲） WANGLUO GONGCHENGSHI KAOSHI 32 XIAOSHI TONGGUAN（SHIPEI DI 6 BAN KAOGANG）
作　者	主　编　薛大龙　王开景 副主编　韩　玉　田　禾　金　麟　刘　伟
出版发行	中国水利水电出版社 （北京市海淀区玉渊潭南路 1 号 D 座　100038） 网址：www.waterpub.com.cn E-mail：mchannel@263.net（答疑） 　　　　sales@mwr.gov.cn 电话：（010）68545888（营销中心）、82562819（组稿）
经　售	北京科水图书销售有限公司 电话：（010）68545874、63202643 全国各地新华书店和相关出版物销售网点
排　版	北京万水电子信息有限公司
印　刷	三河市德贤弘印务有限公司
规　格	184mm×240mm　16 开本　14.25 印张　345 千字
版　次	2025 年 4 月第 1 版　2025 年 4 月第 1 次印刷
印　数	0001—3000 册
定　价	58.00 元

凡购买我社图书，如有缺页、倒页、脱页的，本社营销中心负责调换

版权所有·侵权必究

全国计算机技术与软件专业技术资格（水平）考试辅导用书编委会

主　任　薛大龙
副主任　邹月平　姜美荣　胡晓萍
委　员　刘开向　胡　强　朱　宇　杨亚菲
　　　　施　游　孙烈阳　张　珂　何鹏涛
　　　　王建平　艾教春　王跃利　李志生
　　　　吴芳茜　黄树嘉　刘　伟　兰帅辉
　　　　马利永　王开景　韩　玉　周钰淮
　　　　罗春华　刘松森　陈　健　黄俊玲
　　　　孙俊忠　王　红　赵德端　涂承烨
　　　　余成鸿　贾瑜辉　金　麟　程　刚
　　　　唐　徽　刘　阳　马晓男　孙　灏
　　　　陈振阳　赵志军　顾　玲　上官绪阳
　　　　刘　震　郑　波　田　禾

序

计算机网络从 20 世纪至今，已发展了数十年，从最早的数千 b/s 带宽，达到当今的数百 Gb/s 带宽。进入 21 世纪后，人类社会已经全面步入互联网时代，计算机和互联网与人类的工作、学习和生活息息相关。随着新技术的发展和应用，云计算、大数据、物联网、区块链为智慧城市和数字政府的建设提供了丰富的应用，高速、可靠的计算机网络成为以上技术创新的基石。

当前，中国的信息基础设施规模全球领先，信息技术产业取得了重要突破，信息惠民水平大幅提升，信息化发展环境优化提升。《"十四五"国家信息化规划》明确提出的重大任务和重点工程中，建设泛在智联的数字基础设施体系、打造协同高效的数字政府服务体系等内容与计算机网络有着极其密切的联系。因此，如何学好网络技术，为国家的信息化事业添砖加瓦，成为我们 IT 人义不容辞的责任。

薛大龙博士作为软考教育领域的领头人，携手多位计算机网络技术精英，依据《网络工程师教程（第 6 版）》编写了本书，本书涵盖了计算机网络技术领域的基本理论和应用知识，层次清晰、内容丰富、通俗易懂，能使技术人员在学习中事半功倍，既可以作为网络工程师考试的辅导用书，也可以作为日常的工具书使用。

最后，衷心希望有志于从事计算机网络工作并考取网络工程师专业技术资格的考生，借助本书的学习，提升自己的专业技能，顺利取得网络工程师专业技术资格，为国家的数字化建设，再立新功。

全国知名网络专家、南阳市学术技术带头人：何鹏涛
2024 年 12 月

前　　言

本书特点

全国计算机技术与软件专业技术资格（水平）考试历年平均通过率为 10% 左右，其涉及的知识范围较广，而考生一般又多忙于工作，仅靠官方教程，在有限的时间内很难理解及把握考试的重点和难点。

本书是根据网络工程师第 6 版考试大纲编写的，与其他教材相比，本书在保证知识的系统性与完整性的基础上，在易学性、注重考生学习有效性等方面有了大幅度改进和提高。

全书在全面分析知识点的基础上，对整个学习架构进行了科学重构，可以极大地提高考生学习的有效性。尤其是针对机考环境下的单选题、案例分析等核心考点，分别从理论与实践方面进行了重点梳理。

通过学习本书，考生可掌握考试的重点，熟悉试题形式及解答问题的方法和技巧等。

作者简介

本书由薛大龙、王开景担任主编，由韩玉、田禾、金麟、刘伟担任副主编，各人负责章节如下：第 1～6 章由金麟负责，第 7～12 章由刘伟负责，第 13～15、17～18、27～28 章由韩玉负责，第 16、19、29～30 章由田禾负责，第 20～26、31～32 章由王开景负责，全书由薛大龙确定架构，王开景统稿，薛大龙定稿。

软考金句王：薛大龙

北京理工大学博士，北京大学客座教授，多所大学特聘硕导，北京市评标专家，财政部政府采购评审专家。薛博士曾多次受邀给中共中央党校、国家农业部、国家税务总局等进行授课，截至目前共受邀为大型国企、上市公司进行企业内训超过 1000 次，讲授公开课 600 多次，授课学员数超过 118 万人。

薛博士授课幽默风趣，善于利用"讲段子"的风格讲解很专业的技术类、管理类知识点，同时针对重要考点编写"速记词"以增加学员对知识点的记忆，被业内称为"软考金句王"。

软考北斗星：王开景

高级工程师、全国计算机技术与软件专业技术资格（水平）考试辅导用书编委会委员、网络规划设计师、信息系统项目管理师、信息安全工程师、网络工程师、系统集成项目管理工程师、信息处理技术员及 CISP、ITIL V4 Foundation。作为技术顾问全程参与了 KVM 虚拟化、"智慧城市""雪亮工程"等大型信息化项目，并且对项目管理、IT 运维也经验颇丰。擅长解决各种软考重点、难点问题，传授个性化解题技巧和复杂题型解题思路，帮助了大量不同类型、不同基础的学员，在短时间备战考试并顺利通过考试。

软考青阳客：韩玉

高级工程师，全国计算机技术与软件专业技术资格（水平）考试辅导用书编委会委员，信息安全工程师、网络规划设计师、信息系统项目管理师、系统规划与管理师、数据库系统工程师、系统集成项目管理工程师、CISP、PMP、PMI-ACP、PRINCE2 Practitioner 及 ITIL 4 MP。在医院信息管理中心工作近十年，具备全方位的项目管理和 IT 系统运维经历，并在网络安全方面积累了丰富的经验。擅长通过理论与实践相结合的方法，帮助学员理解复杂问题，注重解题方法的理解和传授，鼓励学员主动思考，培养解决实际问题的能力。

软考逍遥子：田禾

高级工程师，财政部政府采购评审专家。信息系统项目管理师、信息安全工程师、信息系统监理师、注册信息安全工程师、工业互联网安全工程师，具有 20 年安全行业从业经验，多家大型企业特邀培训讲师，曾主持或参与多个大型网络安全项目，具有丰富的实践和管理经验。因其多领域专业资质加身，实战项目经验丰富，讲台之上风采卓然，被称为"软考逍遥子"。

软考授业侠：金麟

高级工程师，全国计算机技术与软件专业技术资格（水平）考试辅导用书编委会委员，信息系统项目管理师、网络规划设计师、系统集成项目管理工程师、信息系统监理师、网络工程师、信息安全工程师。多次参与大中型网络项目的建设及升级改造工作，具有丰富的信息化项目建设和管理经验。

多年致力于软考培训事业，善于总结题目规律，抓住重点难点，以通俗易懂的方式让学员掌握相关知识，致力于成为学员的良师益友。

软考睿思侠：刘伟

高级工程师，全国计算机技术与软件专业技术资格（水平）考试辅导用书编委会委员，财政部政府采购评审专家，山东省政府采购评审专家。软考资深讲师，信息系统项目管理师、系统规划与管理师、信息系统监理师、系统集成项目管理工程师。主持或参与大型信息化建设项目十余年，具有丰富的实践和管理经验。

多年致力于软考培训事业，曾多次受邀给大型国企、上市公司等企业进行内训，拥有丰富的直播及面授培训经验，授课语言精练、逻辑清晰、条理清楚、通俗易懂、突出重点、善于总结规律，研究命题方向，帮助考生快速理解知识要点，授课时善于利用"顺口溜"将难点简单化，利用"实操案例"讲解将疑点清晰化。风趣幽默的风格，更使学习快乐化，被称为"软考睿思侠"。

学习建议

结合考试大纲及各章分值占比，第 1～32 章的内容，建议学习时间是每章 1 小时，共 32 小时。但因为每位考生的基础不同，考生还需要结合自己的实际情况，在学完 32 小时之后，针对不熟的知识点，做练习题或者强化记忆，直到能通过考试。

作者寄语

路虽远，行则将至；事虽难，做则必成。持有网络工程师证书是计算机网络从业者的梦想，只要考生有愚公移山的志气、滴水穿石的毅力，脚踏实地去看书，认认真真学习，积跬步以至千里，积小流以成江海，就一定能够把宏伟目标变为美好现实，使自己真正成为践行中华民族伟大复兴的高级信息化人才。

致谢

感谢中国水利水电出版社有限公司的周春元编辑在本书的策划、选题的申报、写作大纲的确定以及编辑出版等方面付出的辛勤劳动和智慧，以及他给予我们的很多帮助。

编 者
2024 年 12 月于北京

目 录

序
前言

第1章 计算机软硬件知识点梳理及考点实练 1
- 1.0 章节考点分析 1
- 1.1 计算机系统知识考点梳理 2
- 1.2 系统测试考点梳理 3
- 1.3 考点实练 4

第2章 项目管理和知识产权知识点梳理及考点实练 ... 6
- 2.0 章节考点分析 6
- 2.1 项目管理考点梳理 7
- 2.2 《中华人民共和国专利法》考点梳理 7
- 2.3 《中华人民共和国著作权法》考点梳理 ... 10
- 2.4 考点实练 13

第3章 法律法规知识点梳理及考点实练 14
- 3.0 章节考点分析 14
- 3.1 《中华人民共和国网络安全法》考点梳理 ... 15
- 3.2 《中华人民共和国密码法》考点梳理 16
- 3.3 《中华人民共和国数据安全法》考点梳理 ... 17
- 3.4 考点实练 19

第4章 计算机网络基础知识点梳理及考点实练 20
- 4.0 章节考点分析 20
- 4.1 计算机网络分类和应用考点梳理 21
- 4.2 TCP/IP 模型考点梳理 21
- 4.3 考点实练 22

第5章 数据通信基础知识点梳理及考点实练 23
- 5.0 章节考点分析 23
- 5.1 信道带宽考点梳理 24
- 5.2 传输介质考点梳理 24
- 5.3 脉冲编码调制考点梳理 26
- 5.4 通信和交换方式考点梳理 26
- 5.5 差错控制考点梳理 27
- 5.6 考点实练 28

第6章 局域网知识点梳理及考点实练 29
- 6.0 章节考点分析 29
- 6.1 以太网概述考点梳理 30
- 6.2 CSMA/CD 协议考点梳理 30
- 6.3 高速以太网考点梳理 32
- 6.4 MAC 地址考点梳理 33
- 6.5 虚拟局域网考点梳理 33
- 6.6 考点实练 34

第7章 应用层知识点梳理及考点实练 36
- 7.0 章节考点分析 36
- 7.1 超文本传输协议考点梳理 37
- 7.2 简单邮件传输协议考点梳理 38
- 7.3 域名系统考点梳理 38
- 7.4 动态主机配置协议考点梳理 40
- 7.5 考点实练 43

第8章 传输层知识点梳理及考点实练 45
- 8.0 章节考点分析 45
- 8.1 传输层概述考点梳理 46
- 8.2 TCP 和 UDP 考点梳理 46
- 8.3 TCP 三次握手 48
- 8.4 考点实练 48

第9章 网络层知识点梳理及考点实练 50
- 9.0 章节考点分析 50
- 9.1 IP 数据报考点梳理 51
- 9.2 IPv4 地址考点梳理 52
- 9.3 ICMPv4 协议考点梳理 53
- 9.4 考点实练 54

第10章 网络层进阶知识点梳理及考点实练 55
- 10.0 章节考点分析 55
- 10.1 IPv6 考点梳理 56
- 10.2 IPv6 对 IPv4 的改进考点梳理 59
- 10.3 从 IPv4 向 IPv6 的过渡考点梳理 59
- 10.4 ICMPv6 协议考点梳理 60
- 10.5 考点实练 60

第 11 章 网络接口层知识点梳理及考点实练 62
- 11.0 章节考点分析 62
- 11.1 网络接口层简介考点梳理 63
- 11.2 HDLC 协议考点梳理 63
- 11.3 PPP 协议考点梳理 65
- 11.4 PPPoE 协议考点梳理 66
- 11.5 考点实练 67

第 12 章 广域网和宽带接入技术知识点梳理及考点实练 68
- 12.0 章节考点分析 68
- 12.1 广域网基本概念考点梳理 69
- 12.2 广域网互联技术考点梳理 69
- 12.3 宽带接入技术考点梳理 70
- 12.4 考点实练 71

第 13 章 无线通信网知识点梳理及考点实练 72
- 13.0 章节考点分析 72
- 13.1 移动通信考点梳理 73
- 13.2 无线局域网考点梳理 73
- 13.3 考点实练 76

第 14 章 网络新技术知识点梳理及考点实练 77
- 14.0 章节考点分析 77
- 14.1 6G 考点梳理 78
- 14.2 NFV 考点梳理 78
- 14.3 SDN 考点梳理 79
- 14.4 卫星互联考点梳理 80
- 14.5 考点实练 81

第 15 章 网络管理知识点梳理及考点实练 82
- 15.0 章节考点分析 82
- 15.1 简单网络管理协议考点梳理 83
- 15.2 网络诊断和配置命令考点梳理 84
- 15.3 LLDP 考点梳理 86
- 15.4 考点实练 87

第 16 章 网络安全基础知识点梳理及考点实练 88
- 16.0 章节考点分析 88
- 16.1 网络安全基础概述考点梳理 89
- 16.2 信息加密技术考点梳理 90
- 16.3 虚拟专用网考点梳理 91
- 16.4 网络安全防护系统考点梳理 93
- 16.5 考点实练 94

第 17 章 网络存储知识点梳理及考点实练 95
- 17.0 章节考点分析 95
- 17.1 独立磁盘冗余阵列考点梳理 96
- 17.2 网络存储考点梳理 97
- 17.3 考点实练 98

第 18 章 网络规划和设计知识点梳理及考点实练 99
- 18.0 章节考点分析 99
- 18.1 结构化布线系统考点梳理 100
- 18.2 网络分析与设计过程考点梳理 101
- 18.3 逻辑网络设计考点梳理 103
- 18.4 网络结构设计考点梳理 103
- 18.5 考点实练 104

第 19 章 网络操作系统与应用服务器知识点梳理及考点实练 106
- 19.0 章节考点分析 106
- 19.1 网络操作系统考点梳理 107
- 19.2 统信 UOS Linux 服务器操作系统概述考点梳理 107
- 19.3 统信 UOS Linux 服务器操作系统网络配置考点梳理 108
- 19.4 统信 UOS Linux 服务器操作系统文件和目录管理考点梳理 111
- 19.5 统信 UOS Linux 服务器操作系统防火墙配置考点梳理 112
- 19.6 Web 应用服务配置考点梳理 114
- 19.7 考点实练 114

第 20 章 华为 VRP 系统知识点梳理及考点实练 116
- 20.0 章节考点分析 116
- 20.1 VRP 基础知识考点梳理 117
- 20.2 VRP 命令行基础考点梳理 117
- 20.3 考点实练 119

第 21 章 以太网交换概述知识点梳理及考点实练 120
- 21.0 章节考点分析 120
- 21.1 交换机的分类考点梳理 121
- 21.2 二层交换原理考点梳理 121
- 21.3 三层交换原理考点梳理 122
- 21.4 考点实练 122

第 22 章　以太网交换基础配置知识点梳理及考点实练 ... 124

- 22.0　章节考点分析 ... 124
- 22.1　交换机基础配置考点梳理 ... 125
- 22.2　VLAN 配置考点梳理 ... 125
- 22.3　考点实练 ... 126

第 23 章　以太网交换高级配置知识点梳理及考点实练 ... 128

- 23.0　章节考点分析 ... 128
- 23.1　访问控制列表考点梳理 ... 129
- 23.2　VRRP 配置考点梳理 ... 131
- 23.3　DHCP 配置考点梳理 ... 135
- 23.4　考点实练 ... 137

第 24 章　IP 路由基础知识点梳理及考点实练 ... 139

- 24.0　章节考点分析 ... 139
- 24.1　IP 路由表考点梳理 ... 140
- 24.2　路由分类考点梳理 ... 143
- 24.3　RIP 考点梳理 ... 144
- 24.4　OSPF 考点梳理 ... 145
- 24.5　BGP 考点梳理 ... 149
- 24.6　考点实练 ... 151

第 25 章　路由基础配置知识点梳理及考点实练 ... 153

- 25.0　章节考点分析 ... 153
- 25.1　静态路由配置考点梳理 ... 154
- 25.2　RIP 配置考点梳理 ... 155
- 25.3　OSPF 配置考点梳理 ... 156
- 25.4　BGP 配置考点梳理 ... 158
- 25.5　考点实练 ... 161

第 26 章　路由高级配置知识点梳理及考点实练 ... 163

- 26.0　章节考点分析 ... 163
- 26.1　策略路由考点梳理 ... 164
- 26.2　MQC 配置考点梳理 ... 165
- 26.3　考点实练 ... 166

第 27 章　可靠性配置知识点梳理及考点实练 ... 168

- 27.0　章节考点分析 ... 168
- 27.1　可靠性概述考点梳理 ... 169
- 27.2　BFD 基础考点梳理 ... 169
- 27.3　BFD 联动配置考点梳理 ... 170
- 27.4　考点实练 ... 175

第 28 章　用户接入与认证知识点梳理及考点实练 ... 177

- 28.0　章节考点分析 ... 177
- 28.1　AAA 概述考点梳理 ... 178
- 28.2　NAC 概述考点梳理 ... 178
- 28.3　考点实练 ... 180

第 29 章　安全设备知识点梳理及考点实练 ... 181

- 29.0　章节考点分析 ... 181
- 29.1　IPSec VPN 考点梳理 ... 182
- 29.2　防火墙技术考点梳理 ... 184
- 29.3　考点实练 ... 187

第 30 章　安全设备配置知识点梳理及考点实练 ... 188

- 30.0　章节考点分析 ... 188
- 30.1　IPSec VPN 配置考点梳理 ... 189
- 30.2　防火墙配置考点梳理 ... 190
- 30.3　考点实练 ... 194

第 31 章　典型组网架构知识点梳理及考点实练 ... 197

- 31.0　章节考点分析 ... 197
- 31.1　层次化的网络设计考点梳理 ... 198
- 31.2　接入层考点梳理 ... 198
- 31.3　汇聚层考点梳理 ... 199
- 31.4　核心层考点梳理 ... 200
- 31.5　考点实练 ... 202

第 32 章　案例分析知识点梳理及考点实练 ... 204

- 32.0　章节考点分析 ... 204
- 32.1　案例分析之 RAID 考点梳理 ... 205
- 32.2　案例分析之 WLAN 配置考点梳理 ... 207
- 32.3　案例分析之网络安全防护考点梳理 ... 210
- 32.4　案例分析之防火墙 +VRRP+ 堆叠考点梳理 ... 211
- 32.5　案例分析之 IPSec VPN+ 静态路由 + MQC 考点梳理 ... 212
- 32.6　案例分析之 PoE 考点梳理 ... 215

参考文献 ... 218

第1章 计算机软硬件知识点梳理及考点实练

1.0 章节考点分析

第1章主要学习计算机系统基础和系统测试等内容。

根据考试大纲，本章知识点会涉及单项选择题，按以往的出题规律约占 1～2 分。本章内容属于基础知识范畴，考查的知识点主要来源于考试大纲。本章的架构如图1-1所示。

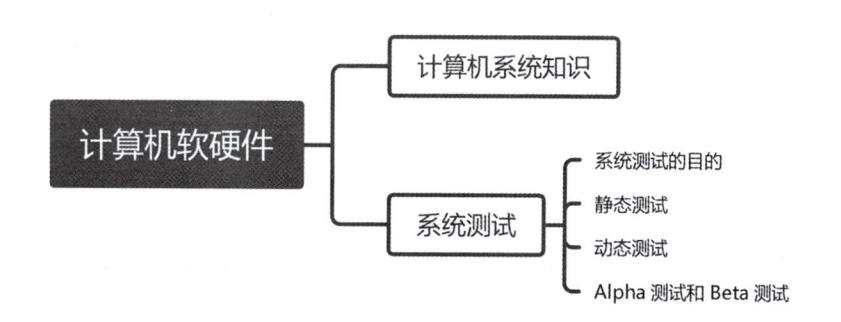

图 1-1　本章的架构

【导读小贴士】

计算机系统知识涵盖硬件构成、指令体系、存储架构及多种控制与测试方式等多方面内容，网络工程师需深入学习理解这些要点，从而为网络构建、优化及故障排查等工作奠定坚实的理论根基并提升实践效率。

1.1　计算机系统知识考点梳理

【基础知识点】

　　计算机硬件包括运算器、控制器、存储器、输入和输出设备。运算器和控制器集成后称为中央处理器（Central Processing Unit，CPU），负责数据处理和执行算术、逻辑运算及控制任务。

　　运算器由算术逻辑单元（Arithmetic Logic Unit，ALU）、累加寄存器（Accumulator Register，AC）、数据缓冲寄存器（Data Register，DR）和状态条件寄存器（Program Status Word，PSW）组成。ALU 执行算术和逻辑运算，AC 存储运算结果，DR 存储指令或数据，PSW 记录运算产生的条件码，包括状态和控制标志。

　　指令由操作码和地址码两个部分组成。操作码指出该指令要完成什么操作；地址码提供原始的数据（操作数）。

　　控制器包括程序计数器（Program Counter，PC）、指令寄存器（Instruction Register，IR）、指令译码器（Instruction Decoder，ID）和地址寄存器（Address Register，AR）。PC 存储下一条指令地址，IR 保存当前执行指令，ID 分析操作码并发出控制信号，AR 保存当前访问内存的地址。控制器确保指令正确执行并处理异常。

　　指令周期是执行一条指令的时间，机器周期是 CPU 完成基本操作的时间，时钟周期是计算机时间单位，等于 CPU 主频的倒数。指令周期由多个机器周期组成，每个机器周期又包含多个时钟周期。

　　寻址方式就是处理器根据指令中给出的地址信息来寻找有效地址的方式，是确定本条指令的数据地址以及下一条要执行的指令地址的方法。指令系统中采用不同寻址方式的目的：扩大寻址空间并提高编程灵活性。常见的寻址方式如下：

　　（1）直接寻址指的是指令地址字段直接指定操作数的内存位置。

　　（2）立即寻址是直接提供操作数而非其地址，这减少了访问内存的需求，因此指令执行迅速，节省了内存访问时间。

　　（3）间接寻址指的是指令地址字段中的形式地址指向操作数地址的指示器，而非操作数的实际地址。

　　（4）寄存器寻址涉及将操作数存储于 CPU 的通用寄存器而非内存中。

　　（5）变址寻址涉及将指令中的地址与变址寄存器的内容相加，以确定内存中操作数的位置。

　　（6）寄存器间接寻址涉及将操作数存储在内存中，其地址则保存在寄存器中。

　　存储器系统分为多个层次，顶层是 CPU 寄存器，速度最快，与 CPU 同步；其次是高速缓冲存储器（Cache），速度接近 CPU；第三层是主存储器或 RAM；第四层是辅助存储器，包括硬盘、光盘和 U 盘等。总体上，层次越高，速度越快，容量越小，单位存储成本越高。

　　CPU 的主要性能指标：

　　（1）频率：主频是 CPU 的工作频率。外频是 CPU 的基准频率，外频决定着整块主板的运行速度。倍频系数是指 CPU 主频与外频之间的相对比例关系。其关系式为：主频 = 外频 × 倍频。

（2）位和字长：计算机中采用二进制代码来表示数据，代码只有 0 和 1。一次处理的二进制数的位数叫字长，常见的有 32 位、64 位等。

（3）缓存：缓存 Cache 是位于 CPU 与内存之间的高速存储器，容量比内存小，速度比内存快，主要由 SRAM 组成。

Cache 和主存之间的交互功能全部由硬件实现，而主存与辅存之间的交互功能可由硬件和软件结合起来实现。Cache 存储常用数据，是主存的副本，它基于程序局部性原理，保存频繁使用的数据。CPU 先查询 Cache，若数据在 Cache 中（命中），则直接访问；否则，访问主存。CPU 提供主存地址，硬件负责转换为 Cache 地址。Cache 旨在解决 CPU 速度与内存读写速度不匹配的问题。

虚拟内存技术是一种内存管理技术，它通过虚拟技术将外部存储设备的一部分空间划分为虚拟内存，用于在内存不足时临时用作数据缓存。虚拟内存技术通过将部分硬盘空间用作内存，从而在一定程度上缓解物理内存的紧张情况。

中断系统包括硬件和软件，用于处理计算机中断。CPU 内有中断机构，外设有中断控制器，软件上有中断服务程序。当中断源需要服务时，会请求 CPU 暂停当前任务，服务完成后 CPU 恢复原任务。中断处理涉及响应条件、断点保护和服务程序入口等。中断响应时间是从请求到服务程序开始的时间，中断向量是服务程序入口地址。中断方式是外设准备好后向 CPU 发信号，然后传输数据，未准备时 CPU 可做其他工作。

DMA 控制方式即直接内存存取，是指数据在内存与 I/O 设备间的直接成块传送，即在内存与 I/O 设备间传送一个数据块的过程中，不需要 CPU 的任何干涉，实际操作由 DMA 硬件直接执行完成，CPU 在数据传送过程中可执行别的任务。

计算机内存编址是给"内存单元"编号，通常用十六进制表示，按照从小到大的顺序编排内存地址。内存容量与地址之间的对应关系为内存容量 = 内存最高地址 − 内存最低地址 +1。实际的存储器总容量是由一片或多片存储芯片配以控制电路构成，其容量为 $W \times B$，其中 W 表示存储单元字（word）的数量，B 表示每个字由多少个位（bit）组成。

1.2　系统测试考点梳理

【基础知识点】

1. 系统测试的目的

系统测试旨在通过执行程序来发现错误，其成功在于揭示未被发现的错误。测试的目标是用最少的资源和时间找出所有潜在的问题。用户需根据开发阶段的文档和程序结构设计测试案例，以运行程序并发现错误。

2. 静态测试

静态测试包括桌前检查（自查）、代码审查和代码走查。使用静态测试的方法也可以实现白盒测试。

3. 动态测试

动态测试包括黑盒测试、白盒测试和灰盒测试。

（1）白盒测试，也称结构测试，主要用于单元测试阶段。它假设程序结构透明，测试者了解程序结构和算法。测试用例根据程序内部逻辑设计，确保主要执行路径按要求正确运行。常见的用例设计方法包括基本路径测试、循环覆盖测试和逻辑覆盖测试。

（2）黑盒测试，也称功能测试，主要用于集成和确认测试阶段。该测试方法将软件视为不透明的黑盒，不考虑其内部结构和算法，仅关注软件功能是否符合需求说明，能否正确处理输入和输出结果，以及是否能保持数据完整性。常见的用例设计方法包括等价类划分、边界值分析、因果图、功能图和错误猜测等。

（3）灰盒测试，介于白盒测试和黑盒测试之间，主要用于集成测试阶段，关注输入的正确性。它把软件看作一个半透明的灰盒子，结合考虑软件的内部结构和外部功能设计测试用例。

4. Alpha 测试和 Beta 测试

对于通用产品型的软件开发而言，Alpha 测试是指由用户在开发环境下进行测试，通过 Alpha 测试后的产品通常称为 Alpha 版；Beta 测试是指由用户在实际使用环境下进行测试，通过 Beta 测试的产品通常称为 Beta 版。一般在通过 Beta 测试后，才能把产品发布或交付给用户。

1.3 考点实练

1. 在计算机运行过程中，进行中断处理时需保存现场，其目的是（　　）。
   A．防止丢失中断处理程序的数据　　B．防止对其他程序的数据造成破坏
   C．能正确返回被中断的程序继续执行　D．能为中断处理程序提供所需的数据

答案：C

2. 计算机运行过程中，CPU 需要与外设进行数据交换。采用（　　）控制技术时，CPU 与外设可并行工作。
   A．程序查询方式和中断方式　　　　B．中断方式和 DMA 方式
   C．程序查询方式和 DMA 方式　　　 D．程序查询方式、中断方式和 DMA 方式

答案：B

3. 以下关于闪存（Flash Memory）的叙述中，错误的是（　　）。
   A．掉电后信息不会丢失，属于非易失性存储器
   B．以块为单位进行删除操作
   C．采用随机访问方式，常用来代替主存
   D．在嵌入式系统中用来代替 ROM 存储器

答案：C

4. 把一部分磁盘空间充当内存使用，避免执行的程序很大或很多导致内存消耗殆尽，该技术被称为（　　）。

A．虚拟内存　　　　B．分级存储　　　　C．动态存储　　　　D．高速缓存

答案：A

5．地址编号从 80000H 到 BFFFFH 且按字节编址，内存容量为（　　）KB，若用 16K×8bit 的存储器芯片构成该内存，共需（　　）片。

A．128　64　　　　B．64　4　　　　C．64　8　　　　D．32　32

答案：B

6．把模块按照系统设计说明书的要求组合起来进行测试，属于（　　）。

A．单元测试　　　　B．集成测试　　　　C．确认测试　　　　D．系统测试

答案：B

第 2 章

项目管理和知识产权知识点梳理及考点实练

2.0 章节考点分析

第 2 章主要学习项目管理基础、知识产权相关法律等内容。

根据考试大纲，本章知识点会涉及单项选择题，按以往的出题规律约占 1 分。本章内容属于基础知识范畴，考查的知识点主要来源于考试大纲。本章的架构如图 2-1 所示。

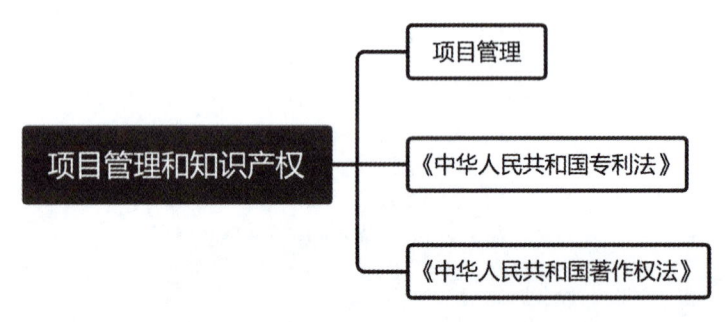

图 2-1 本章的架构

【导读小贴士】

项目管理涉及关键路径、风险管理、范围管理及成本估算等多方面要点，且需遵循相关法律，如《中华人民共和国专利法》《中华人民共和国著作权法》等规定，了解其中对于发明创造的界定、权利归属、保护期限等内容，对做好项目及保障相关权益至关重要，IT从业者要熟知这些基础知识。

2.1 项目管理考点梳理

【基础知识点】

关键路径是项目中时间最长的活动顺序，决定着可能的项目最短工期。关键路径上的活动称为关键活动。进度网络图中可能有多条关键路径。

松弛时间是在不影响完工的前提下可能被推迟完成的最大时间，即：松弛时间＝关键路径的时间－包含某活动最长路径所需的时间的最大值。关键路径上的松弛时间为0，松弛时间也叫总时差或总浮动时间。

项目风险管理贯穿项目的整个过程，在项目计划阶段首先需要编制风险管理计划，进行潜在风险识别和评估，并制订风险应对计划。

项目范围管理过程包括收集需求、定义范围、创建工作分解结构、核实范围和控制范围等。

成本估算是指对完成项目所需费用的估计和计划的方法。项目成本估算需考虑项目工期要求带来的影响，工期要求越短成本越高；项目成本估算需考虑项目质量要求带来的影响，质量要求越高成本越高。项目成本估算过粗或过细都会影响项目成本。

项目设计阶段的变更成本较低，而实施阶段的变更可能会影响项目进度、成本和风险控制。尽管变更在项目过程中是不可避免的，但必须通过变更控制流程来管理，包括识别变更、评审、批准、更新项目范围和相关计划，以及记录变更的影响。所有项目变更需由变更控制委员会批准，而非仅由项目经理决定。

项目收尾包括管理收尾（行政收尾）和合同收尾。项目收尾应收到客户或买方的正式验收确认文件。项目收尾应向客户或买方交付最终产品、项目成果、竣工文档等。合同终止是项目收尾的一种特殊情况。

2.2 《中华人民共和国专利法》考点梳理

【基础知识点】

2020年10月17日，第十三届全国人民代表大会常务委员会第二十二次会议通过修改《中华人民共和国专利法》的决定，自2021年6月1日起施行。

主要法律内容如下：

第二条 本法所称的发明创造是指发明、实用新型和外观设计。

发明，是指对产品、方法或者其改进所提出的新的技术方案。

实用新型，是指对产品的形状、构造或者其结合所提出的适于实用的新的技术方案。

外观设计，是指对产品的整体或者局部的形状、图案或者其结合以及色彩与形状、图案的结合所作出的富有美感并适于工业应用的新设计。

第三条　国务院专利行政部门负责管理全国的专利工作；统一受理和审查专利申请，依法授予专利权。省、自治区、直辖市人民政府管理专利工作的部门负责本行政区域内的专利管理工作。

第六条　执行本单位的任务或者主要是利用本单位的物质技术条件所完成的发明创造为职务发明创造。职务发明创造申请专利的权利属于该单位，申请被批准后，该单位为专利权人。该单位可以依法处置其职务发明创造申请专利的权利和专利权，促进相关发明创造的实施和运用。

非职务发明创造，申请专利的权利属于发明人或者设计人；申请被批准后，该发明人或者设计人为专利权人。

利用本单位的物质技术条件所完成的发明创造，单位与发明人或者设计人订有合同，对申请专利的权利和专利权的归属作出约定的，从其约定。

第八条　两个以上单位或者个人合作完成的发明创造、一个单位或者个人接受其他单位或者个人委托所完成的发明创造，除另有协议的以外，申请专利的权利属于完成或者共同完成的单位或者个人；申请被批准后，申请的单位或者个人为专利权人。

第九条　同样的发明创造只能授予一项专利权。但是，同一申请人同日对同样的发明创造既申请实用新型专利又申请发明专利，先获得的实用新型专利权尚未终止，且申请人声明放弃该实用新型专利权的，可以授予发明专利权。

两个以上的申请人分别就同样的发明创造申请专利的，专利权授予最先申请的人。

第十条　专利申请权和专利权可以转让。

转让专利申请权或者专利权的，当事人应当订立书面合同，并向国务院专利行政部门登记，由国务院专利行政部门予以公告。专利申请权或者专利权的转让自登记之日起生效。

第二十四条　申请专利的发明创造在申请日以前六个月内，有下列情形之一的，不丧失新颖性：

（一）在国家出现紧急状态或者非常情况时，为公共利益目的首次公开的；

（二）在中国政府主办或者承认的国际展览会上首次展出的；

（三）在规定的学术会议或者技术会议上首次发表的；

（四）他人未经申请人同意而泄露其内容的。

第二十五条　对下列各项，不授予专利权：

（一）科学发现；

（二）智力活动的规则和方法；

（三）疾病的诊断和治疗方法；

（四）动物和植物品种；

（五）原子核变换方法以及用原子核变换方法获得的物质；

（六）对平面印刷品的图案、色彩或者二者的结合作出的主要起标识作用的设计。

对前款第（四）项所列产品的生产方法，可以依照本法规定授予专利权。

第二十八条 国务院专利行政部门收到专利申请文件之日为申请日。如果申请文件是邮寄的，以寄出的邮戳日为申请日。

第二十九条 申请人自发明或者实用新型在外国第一次提出专利申请之日起十二个月内，或者自外观设计在外国第一次提出专利申请之日起六个月内，又在中国就相同主题提出专利申请的，依照该外国同中国签订的协议或者共同参加的国际条约，或者依照相互承认优先权的原则，可以享有优先权。

申请人自发明或者实用新型在中国第一次提出专利申请之日起十二个月内，或者自外观设计在中国第一次提出专利申请之日起六个月内，又向国务院专利行政部门就相同主题提出专利申请的，可以享有优先权。

第三十条 申请人要求发明、实用新型专利优先权的，应当在申请的时候提出书面声明，并且在第一次提出申请之日起十六个月内，提交第一次提出的专利申请文件的副本。

申请人要求外观设计专利优先权的，应当在申请的时候提出书面声明，并且在三个月内提交第一次提出的专利申请文件的副本。

申请人未提出书面声明或者逾期未提交专利申请文件副本的，视为未要求优先权。

第三十四条 国务院专利行政部门收到发明专利申请后，经初步审查认为符合本法要求的，自申请日起满十八个月，即行公布。国务院专利行政部门可以根据申请人的请求早日公布其申请。

第三十五条 发明专利申请自申请日起三年内，国务院专利行政部门可以根据申请人随时提出的请求，对其申请进行实质审查；申请人无正当理由逾期不请求实质审查的，该申请即被视为撤回。

国务院专利行政部门认为必要的时候，可以自行对发明专利申请进行实质审查。

第四十条 实用新型和外观设计专利申请经初步审查没有发现驳回理由的，由国务院专利行政部门作出授予实用新型专利权或者外观设计专利权的决定，发给相应的专利证书，同时予以登记和公告。实用新型专利权和外观设计专利权自公告之日起生效。

第四十一条 专利申请人对国务院专利行政部门驳回申请的决定不服的，可以自收到通知之日起三个月内向国务院专利行政部门请求复审。国务院专利行政部门复审后，作出决定，并通知专利申请人。

专利申请人对国务院专利行政部门的复审决定不服的，可以自收到通知之日起三个月内向人民法院起诉。

第四十二条 发明专利权的期限为二十年，实用新型专利权的期限为十年，外观设计专利权的期限为十五年，均自申请日起计算。

第七十四条 侵犯专利权的诉讼时效为三年，自专利权人或者利害关系人知道或者应当知道侵权行为以及侵权人之日起计算。

2.3 《中华人民共和国著作权法》考点梳理

【基础知识点】

主要法律内容如下：

第三条　本法所称的作品，是指文学、艺术和科学领域内具有独创性并能以一定形式表现的智力成果，包括：

（一）文字作品；

（二）口述作品；

（三）音乐、戏剧、曲艺、舞蹈、杂技艺术作品；

（四）美术、建筑作品；

（五）摄影作品；

（六）视听作品；

（七）工程设计图、产品设计图、地图、示意图等图形作品和模型作品；

（八）计算机软件；

（九）符合作品特征的其他智力成果。

第五条　本法不适用于：

（一）法律、法规，国家机关的决议、决定、命令和其他具有立法、行政、司法性质的文件，及其官方正式译文；

（二）单纯事实消息；

（三）历法、通用数表、通用表格和公式。

第十条　著作权包括下列人身权和财产权：

（一）发表权，即决定作品是否公之于众的权利；

（二）署名权，即表明作者身份，在作品上署名的权利；

（三）修改权，即修改或者授权他人修改作品的权利；

（四）保护作品完整权，即保护作品不受歪曲、篡改的权利；

（五）复制权，即以印刷、复印、拓印、录音、录像、翻录、翻拍、数字化等方式将作品制作一份或者多份的权利；

（六）发行权，即以出售或者赠与方式向公众提供作品的原件或者复制件的权利；

（七）出租权，即有偿许可他人临时使用视听作品、计算机软件的原件或者复制件的权利，计算机软件不是出租的主要标的的除外；

（八）展览权，即公开陈列美术作品、摄影作品的原件或者复制件的权利；

（九）表演权，即公开表演作品，以及用各种手段公开播送作品的表演的权利；

（十）放映权，即通过放映机、幻灯机等技术设备公开再现美术、摄影、视听作品等的权利；

（十一）广播权，即以有线或者无线方式公开传播或者转播作品，以及通过扩音器或者其他传送符号、声音、图像的类似工具向公众传播广播的作品的权利，但不包括本款第十二项规定的权利；

（十二）信息网络传播权，即以有线或者无线方式向公众提供，使公众可以在其选定的时间和地点获得作品的权利；

（十三）摄制权，即以摄制视听作品的方法将作品固定在载体上的权利；

（十四）改编权，即改编作品，创作出具有独创性的新作品的权利；

（十五）翻译权，即将作品从一种语言文字转换成另一种语言文字的权利；

（十六）汇编权，即将作品或者作品的片段通过选择或者编排，汇集成新作品的权利；

（十七）应当由著作权人享有的其他权利。

著作权人可以许可他人行使前款第五项至第十七项规定的权利，并依照约定或者本法有关规定获得报酬。

著作权人可以全部或者部分转让本条第一款第五项至第十七项规定的权利，并依照约定或者本法有关规定获得报酬。

第十八条 自然人为完成法人或者非法人组织工作任务所创作的作品是职务作品，除本条第二款的规定以外，著作权由作者享有，但法人或者非法人组织有权在其业务范围内优先使用。作品完成两年内，未经单位同意，作者不得许可第三人以与单位使用的相同方式使用该作品。

有下列情形之一的职务作品，作者享有署名权，著作权的其他权利由法人或者非法人组织享有，法人或者非法人组织可以给予作者奖励：

（一）主要是利用法人或者非法人组织的物质技术条件创作，并由法人或者非法人组织承担责任的工程设计图、产品设计图、地图、示意图、计算机软件等职务作品；

（二）报社、期刊社、通讯社、广播电台、电视台的工作人员创作的职务作品；

（三）法律、行政法规规定或者合同约定著作权由法人或者非法人组织享有的职务作品。

第十九条 受委托创作的作品，著作权的归属由委托人和受托人通过合同约定。合同未作明确约定或者没有订立合同的，著作权属于受托人。

第二十条 作品原件所有权的转移，不改变作品著作权的归属，但美术、摄影作品原件的展览权由原件所有人享有。

作者将未发表的美术、摄影作品的原件所有权转让给他人，受让人展览该原件不构成对作者发表权的侵犯。

第二十二条 作者的署名权、修改权、保护作品完整权的保护期不受限制。

第二十三条 自然人的作品，其发表权、本法第十条第一款第五项至第十七项规定的权利的保护期为作者终生及其死亡后五十年，截止于作者死亡后第五十年的12月31日；如果是合作作品，截止于最后死亡的作者死亡后第五十年的12月31日。

法人或者非法人组织的作品、著作权（署名权除外）由法人或者非法人组织享有的职务作品，

11

其发表权的保护期为五十年，截止于作品创作完成后第五十年的 12 月 31 日；本法第十条第一款第五项至第十七项规定的权利的保护期为五十年，截止于作品首次发表后第五十年的 12 月 31 日，但作品自创作完成后五十年内未发表的，本法不再保护。

视听作品，其发表权的保护期为五十年，截止于作品创作完成后第五十年的 12 月 31 日；本法第十条第一款第五项至第十七项规定的权利的保护期为五十年，截止于作品首次发表后第五十年的 12 月 31 日，但作品自创作完成后五十年内未发表的，本法不再保护。

第二十四条 在下列情况下使用作品，可以不经著作权人许可，不向其支付报酬，但应当指明作者姓名或者名称、作品名称，并且不得影响该作品的正常使用，也不得不合理地损害著作权人的合法权益：

（一）为个人学习、研究或者欣赏，使用他人已经发表的作品；

（二）为介绍、评论某一作品或者说明某一问题，在作品中适当引用他人已经发表的作品；

（三）为报道新闻，在报纸、期刊、广播电台、电视台等媒体中不可避免地再现或者引用已经发表的作品；

（四）报纸、期刊、广播电台、电视台等媒体刊登或者播放其他报纸、期刊、广播电台、电视台等媒体已经发表的关于政治、经济、宗教问题的时事性文章，但著作权人声明不许刊登、播放的除外；

（五）报纸、期刊、广播电台、电视台等媒体刊登或者播放在公众集会上发表的讲话，但作者声明不许刊登、播放的除外；

（六）为学校课堂教学或者科学研究，翻译、改编、汇编、播放或者少量复制已经发表的作品，供教学或者科研人员使用，但不得出版发行；

（七）国家机关为执行公务在合理范围内使用已经发表的作品；

（八）图书馆、档案馆、纪念馆、博物馆、美术馆、文化馆等为陈列或者保存版本的需要，复制本馆收藏的作品；

（九）免费表演已经发表的作品，该表演未向公众收取费用，也未向表演者支付报酬，且不以营利为目的；

（十）对设置或者陈列在公共场所的艺术作品进行临摹、绘画、摄影、录像；

（十一）将中国公民、法人或者非法人组织已经发表的以国家通用语言文字创作的作品翻译成少数民族语言文字作品在国内出版发行；

（十二）以阅读障碍者能够感知的无障碍方式向其提供已经发表的作品；

（十三）法律、行政法规规定的其他情形。

前款规定适用于对与著作权有关的权利的限制。

第六十五条 摄影作品，其发表权、本法第十条第一款第五项至第十七项规定的权利的保护期在 2021 年 6 月 1 日前已经届满，但依据本法第二十三条第一款的规定仍在保护期内的，不再保护。

2.4 考点实练

1. 为项目过程中可能存在的各类风险制定处理预案，属于（　　）。
   A．风险管理规划　　B．风险量化　　C．风险监控　　D．风险识别

   答案：A

2. 在项目管理过程中，变更总是不可避免，作为项目经理应该让项目干系人认识到（　　）。
   A．在项目设计阶段，变更成本较低
   B．在项目实施阶段，变更成本较低
   C．项目变更应该由项目经理批准
   D．应尽量满足建设方要求，不需要进行变更控制

   答案：A

3. 以下关于信息化项目成本估算的描述中，不正确的是（　　）。
   A．项目成本估算指设备采购和劳务支出等直接用于项目建设的经费估算
   B．项目成本估算需考虑项目工期要求的影响，工期要求越短成本越高
   C．项目成本估算需考虑项目质量要求的影响，质量要求越高成本越高
   D．项目成本估算过粗或过细都会影响项目成本

   答案：A

4. 著作权中，（　　）的保护期不受限制。
   A．发表权　　B．发行权　　C．署名权　　D．展览权

   答案：C

第 3 章
法律法规知识点梳理及考点实练

3.0 章节考点分析

第 3 章主要学习标准规范和法律法规等内容。

根据考试大纲，本章知识点会涉及单项选择题，按以往的出题规律约占 1~2 分。本章内容属于基础知识范畴，考查的知识点主要来源于考试大纲。本章的架构如图 3-1 所示。

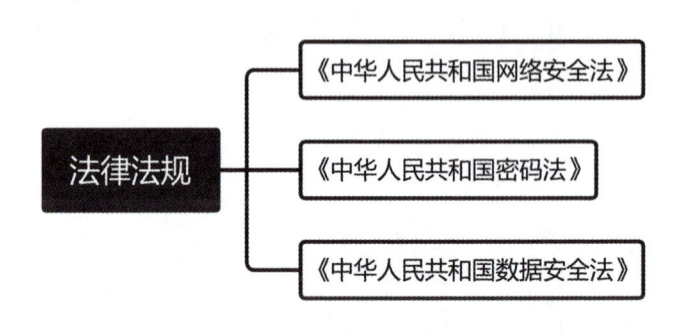

图 3-1 本章的架构

【导读小贴士】

网络从业者和使用者都要全面掌握相关的法律法规内容来保障网络环境安全。

3.1 《中华人民共和国网络安全法》考点梳理

【基础知识点】

2016 年 11 月 7 日，第十二届全国人民代表大会常务委员会第二十四次会议通过了《中华人民共和国网络安全法》，自 2017 年 6 月 1 日起施行。

主要法律内容如下：

第二条 在中华人民共和国境内建设、运营、维护和使用网络，以及网络安全的监督管理，适用本法。

第八条 国家网信部门负责统筹协调网络安全工作和相关监督管理工作。国务院电信主管部门、公安部门和其他有关机关依照本法和有关法律、行政法规的规定，在各自职责范围内负责网络安全保护和监督管理工作。

第二十一条 国家实行网络安全等级保护制度。网络运营者应当按照网络安全等级保护制度的要求，履行下列安全保护义务，保障网络免受干扰、破坏或者未经授权的访问，防止网络数据泄露或者被窃取、篡改：

（一）制定内部安全管理制度和操作规程，确定网络安全负责人，落实网络安全保护责任；

（二）采取防范计算机病毒和网络攻击、网络侵入等危害网络安全行为的技术措施；

（三）采取监测、记录网络运行状态、网络安全事件的技术措施，并按照规定留存相关的网络日志不少于六个月；

（四）采取数据分类、重要数据备份和加密等措施；

（五）法律、行政法规规定的其他义务。

第二十五条 网络运营者应当制定网络安全事件应急预案，及时处置系统漏洞、计算机病毒、网络攻击、网络侵入等安全风险；在发生危害网络安全的事件时，立即启动应急预案，采取相应的补救措施，并按照规定向有关主管部门报告。

第三十四条 除本法第二十一条的规定外，关键信息基础设施的运营者还应当履行下列安全保护义务：

（一）设置专门安全管理机构和安全管理负责人，并对该负责人和关键岗位的人员进行安全背景审查；

（二）定期对从业人员进行网络安全教育、技术培训和技能考核；

（三）对重要系统和数据库进行容灾备份；

（四）制定网络安全事件应急预案，并定期进行演练；

（五）法律、行政法规规定的其他义务。

第三十六条 关键信息基础设施的运营者采购网络产品和服务，应当按照规定与提供者签订安全保密协议，明确安全和保密义务与责任。

第三十八条 关键信息基础设施的运营者应当自行或者委托网络安全服务机构对其网络的安全性和可能存在的风险每年至少进行一次检测评估，并将检测评估情况和改进措施报送相关负责关键信息基础设施安全保护工作的部门。

3.2 《中华人民共和国密码法》考点梳理

【基础知识点】

《中华人民共和国密码法》由中华人民共和国第十三届全国人民代表大会常务委员会第十四次会议于 2019 年 10 月 26 日通过，自 2020 年 1 月 1 日起施行。

2015 年 7 月 1 日，第十二届中华人民共和国全国人民代表大会常务委员会第十五次会议通过《中华人民共和国国家安全法》，将每年 4 月 15 日确定为全民国家安全教育日。

《中华人民共和国密码法》主要法律内容如下：

第七条 核心密码、普通密码用于保护国家秘密信息，核心密码保护信息的最高密级为绝密级，普通密码保护信息的最高密级为机密级。

核心密码、普通密码属于国家秘密。密码管理部门依照本法和有关法律、行政法规、国家有关规定对核心密码、普通密码实行严格统一管理。

第八条 商用密码用于保护不属于国家秘密的信息。

公民、法人和其他组织可以依法使用商用密码保护网络与信息安全。

第十二条 任何组织或者个人不得窃取他人加密保护的信息或者非法侵入他人的密码保障系统。

任何组织或者个人不得利用密码从事危害国家安全、社会公共利益、他人合法权益等违法犯罪活动。

第十四条 在有线、无线通信中传递的国家秘密信息，以及存储、处理国家秘密信息的信息系统，应当依照法律、行政法规和国家有关规定使用核心密码、普通密码进行加密保护、安全认证。

第十五条 从事核心密码、普通密码科研、生产、服务、检测、装备、使用和销毁等工作的机构（以下统称密码工作机构）应当按照法律、行政法规、国家有关规定以及核心密码、普通密码标准的要求，建立健全安全管理制度，采取严格的保密措施和保密责任制，确保核心密码、普通密码的安全。

第十七条 密码管理部门根据工作需要会同有关部门建立核心密码、普通密码的安全监测预警、安全风险评估、信息通报、重大事项会商和应急处置等协作机制，确保核心密码、普通密码安全管理的协同联动和有序高效。

密码工作机构发现核心密码、普通密码泄密或者影响核心密码、普通密码安全的重大问题、风险隐患的，应当立即采取应对措施，并及时向保密行政管理部门、密码管理部门报告，由保密行政管理部门、密码管理部门会同有关部门组织开展调查、处置，并指导有关密码工作机构及时消除安全隐患。

第二十条　密码管理部门和密码工作机构应当建立健全严格的监督和安全审查制度，对其工作人员遵守法律和纪律等情况进行监督，并依法采取必要措施，定期或者不定期组织开展安全审查。

第二十六条　涉及国家安全、国计民生、社会公共利益的商用密码产品，应当依法列入网络关键设备和网络安全专用产品目录，由具备资格的机构检测认证合格后，方可销售或者提供。商用密码产品检测认证适用《中华人民共和国网络安全法》的有关规定，避免重复检测认证。

商用密码服务使用网络关键设备和网络安全专用产品的，应当经商用密码认证机构对该商用密码服务认证合格。

第二十七条　法律、行政法规和国家有关规定要求使用商用密码进行保护的关键信息基础设施，其运营者应当使用商用密码进行保护，自行或者委托商用密码检测机构开展商用密码应用安全性评估。商用密码应用安全性评估应当与关键信息基础设施安全检测评估、网络安全等级测评制度相衔接，避免重复评估、测评。

关键信息基础设施的运营者采购涉及商用密码的网络产品和服务，可能影响国家安全的，应当按照《中华人民共和国网络安全法》的规定，通过国家网信部门会同国家密码管理部门等有关部门组织的国家安全审查。

3.3　《中华人民共和国数据安全法》考点梳理

【基础知识点】

中华人民共和国第十三届全国人民代表大会常务委员会第二十九次会议于2021年6月10日通过了《中华人民共和国数据安全法》，自2021年9月1日起施行。

主要法律内容如下：

第三条　本法所称数据，是指任何以电子或者其他方式对信息的记录。

数据处理，包括数据的收集、存储、使用、加工、传输、提供、公开等。

数据安全，是指通过采取必要措施，确保数据处于有效保护和合法利用的状态，以及具备保障持续安全状态的能力。

第五条　中央国家安全领导机构负责国家数据安全工作的决策和议事协调，研究制定、指导实施国家数据安全战略和有关重大方针政策，统筹协调国家数据安全的重大事项和重要工作，建立国家数据安全工作协调机制。

第六条　各地区、各部门对本地区、本部门工作中收集和产生的数据及数据安全负责。

工业、电信、交通、金融、自然资源、卫生健康、教育、科技等主管部门承担本行业、本领域数据安全监管职责。

公安机关、国家安全机关等依照本法和有关法律、行政法规的规定，在各自职责范围内承担数据安全监管职责。

国家网信部门依照本法和有关法律、行政法规的规定，负责统筹协调网络数据安全和相关监管工作。

第七条　国家保护个人、组织与数据有关的权益，鼓励数据依法合理有效利用，保障数据依法有序自由流动，促进以数据为关键要素的数字经济发展。

第二十一条　国家建立数据分类分级保护制度，根据数据在经济社会发展中的重要程度，以及一旦遭到篡改、破坏、泄露或者非法获取、非法利用，对国家安全、公共利益或者个人、组织合法权益造成的危害程度，对数据实行分类分级保护。国家数据安全工作协调机制统筹协调有关部门制定重要数据目录，加强对重要数据的保护。

关系国家安全、国民经济命脉、重要民生、重大公共利益等数据属于国家核心数据，实行更加严格的管理制度。

各地区、各部门应当按照数据分类分级保护制度，确定本地区、本部门以及相关行业、领域的重要数据具体目录，对列入目录的数据进行重点保护。

第二十三条　国家建立数据安全应急处置机制。发生数据安全事件，有关主管部门应当依法启动应急预案，采取相应的应急处置措施，防止危害扩大，消除安全隐患，并及时向社会发布与公众有关的警示信息。

第二十四条　国家建立数据安全审查制度，对影响或者可能影响国家安全的数据处理活动进行国家安全审查。

依法作出的安全审查决定为最终决定。

第二十七条　开展数据处理活动应当依照法律、法规的规定，建立健全全流程数据安全管理制度，组织开展数据安全教育培训，采取相应的技术措施和其他必要措施，保障数据安全。利用互联网等信息网络开展数据处理活动，应当在网络安全等级保护制度的基础上，履行上述数据安全保护义务。

重要数据的处理者应当明确数据安全负责人和管理机构，落实数据安全保护责任。

第二十九条　开展数据处理活动应当加强风险监测，发现数据安全缺陷、漏洞等风险时，应当立即采取补救措施；发生数据安全事件时，应当立即采取处置措施，按照规定及时告知用户并向有关主管部门报告。

第三十条　重要数据的处理者应当按照规定对其数据处理活动定期开展风险评估，并向有关主管部门报送风险评估报告。

风险评估报告应当包括处理的重要数据的种类、数量，开展数据处理活动的情况，面临的数据安全风险及其应对措施等。

第三十一条　关键信息基础设施的运营者在中华人民共和国境内运营中收集和产生的重要数据的出境安全管理，适用《中华人民共和国网络安全法》的规定；其他数据处理者在中华人民共和国境内运营中收集和产生的重要数据的出境安全管理办法，由国家网信部门会同国务院有关部门制定。

第三十三条　从事数据交易中介服务的机构提供服务，应当要求数据提供方说明数据来源，审核交易双方的身份，并留存审核、交易记录。

第三十四条　法律、行政法规规定提供数据处理相关服务应当取得行政许可的，服务提供者应当依法取得许可。

第三十五条 公安机关、国家安全机关因依法维护国家安全或者侦查犯罪的需要调取数据，应当按照国家有关规定，经过严格的批准手续，依法进行，有关组织、个人应当予以配合。

第三十六条 中华人民共和国主管机关根据有关法律和中华人民共和国缔结或者参加的国际条约、协定，或者按照平等互惠原则，处理外国司法或者执法机构关于提供数据的请求。非经中华人民共和国主管机关批准，境内的组织、个人不得向外国司法或者执法机构提供存储于中华人民共和国境内的数据。

3.4 考点实练

1．根据《中华人民共和国数据安全法》，国家（　　）依照本法和有关法律，行政法规的规定，负责统筹协调网络数据安全和相关监管工作。

A．网信部门　　　　B．工信部门　　　　C．公安机关　　　　D．检察机关

答案：A

2．《中华人民共和国数据安全法》由中华人民共和国第十三届全国人民代表大会常务委员会第二十九次会议审议通过，自（　　）年9月1日起施行。

A．2019　　　　　B．2020　　　　　C．2021　　　　　D．2022

答案：C

第 4 章
计算机网络基础知识点梳理及考点实练

4.0 章节考点分析

第 4 章主要学习计算机网络的基础内容。

根据考试大纲，本章知识点会涉及单项选择题，按以往的出题规律约占 1～2 分。本章内容属于基础知识范畴，考查的知识点主要来源于考试大纲。本章的架构如图 4-1 所示。

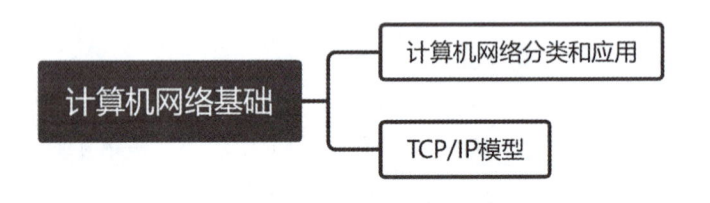

图 4-1 本章的架构

【导读小贴士】

计算机网络是计算机技术与通信技术相结合的产物。计算机网络是信息收集、分发、存储、处理和消费的重要载体，所以需要了解计算机网络的基础知识。

4.1 计算机网络分类和应用考点梳理

【基础知识点】

计算机网络的组成元素可以分为两大类，即网络节点和通信链路。

按照互连规模和通信方式，可以把网络分为局域网（Local Area Network，LAN）、城域网（Metropolitan Area Network，MAN）和广域网（Wide Area Network，WAN），LAN、MAN 和 WAN 的比较见表 4-1。

表 4-1　LAN、MAN 和 WAN 的比较

比较内容	LAN	MAN	WAN
地理范围	室内，校园内部	建筑物之间，城区内	国内，国际
所有者和运营者	单位所有和运营	几个单位共有或公用	通信运营公司所有
互联和通信方式	共享介质，分组广播	共享介质，分组广播	共享介质，分组交换
数据速率	每秒几十兆位至每秒几百兆位	每秒几兆位至每秒几十兆位	每秒几十千位
误码率	最小	中	较大
拓扑结构	规则结构：总线型、星型和环型	规则结构：总线型、星型和环型	不规则的网状结构
主要应用	分布式数据处理、办公自动化	LAN 互联、综合声音、视频和数据业务	远程数据传输

计算机网络的应用涉及社会生活的各个方面。当前对经济和文化生活影响最大的网络应用有：①办公自动化；②远程教育；③电子银行；④娱乐和在线游戏。

4.2 TCP/IP 模型考点梳理

【基础知识点】

TCP/IP 协议是一个分层结构。协议的分层使得各层的任务和目的十分明确，这样有利于软件编写和通信控制。TCP/IP 协议分为 4 层，由下至上分别是网络接口层、网络层、传输层和应用层，如图 4-2 所示。

各层主要作用及常见协议如下：

（1）应用层是用户交互的界面，用户通过它来实现需求。主要协议包括 DNS、HTTP、SMTP、POP3、FTP、TELNET 和 SNMP。

（2）传输层负责将应用层数据分段并添加控制信息，确保信息可靠传输。它包含 TCP 和

UDP 两种协议，其中 SNMP 使用 UDP。

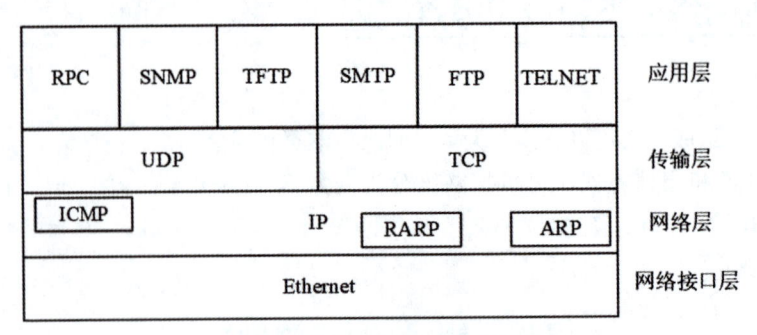

RPC	SNMP	TFTP	SMTP	FTP	TELNET	应用层
UDP			TCP			传输层
ICMP		IP	RARP		ARP	网络层
Ethernet						网络接口层

图 4-2　TCP/IP 协议分层结构

（3）网络层负责将传输层的数据段封装成 IP 数据包，并在包头中添加地址信息，确定数据传输路径。网络层的核心协议是 IP，与传输层的 TCP 协议共同构成 TCP/IP 体系的基础。此外，ARP、RARP 和 ICMP 协议也与 IP 协议协同工作。

（4）网络接口层，即链路层，包括物理层和数据链路层，主要负责接收和发送 IP 数据包，并与传输媒介交互。尽管其功能、协议和实现方式未明确定义，数据链路层的主要协议包括 PPP、Ethernet 和 PPPoE。

4.3　考点实练

1. TCP/IP 网络中的（　　）实现应答、排序和流控功能。
   A．数据链路层　　B．网络层　　C．传输层　　D．应用层
   答案：C

2. UDP 属于 TCP/IP 参考模型的（　　）。
   A．网络层　　B．传输层　　C．会话层　　D．表示层
   答案：B

第 5 章

数据通信基础知识点梳理及考点实练

5.0　章节考点分析

第 5 章主要学习数据通信基础内容。

根据考试大纲，本章知识点会涉及单项选择题，按以往的出题规律约占 2～3 分。本章内容属于基础知识范畴，考查的知识点主要来源于考试大纲。本章的架构如图 5-1 所示。

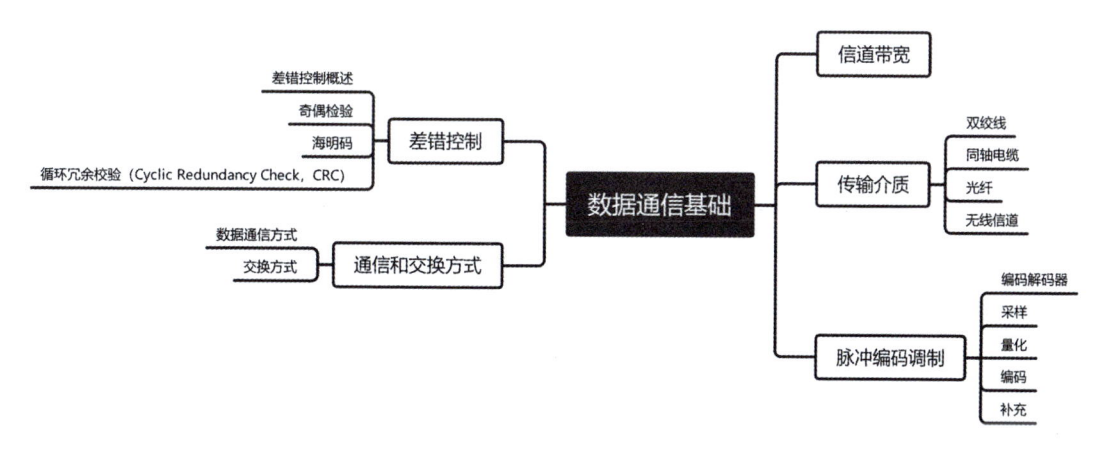

图 5-1　本章的架构

【导读小贴士】

信道带宽考点涉及模拟信道带宽、码元信息量、数据速率等计算及关系；传输介质包含双绞线、同轴电缆、光纤、无线信道的特点；脉冲编码调制介绍了模拟数据数字化步骤；通信和交换方式有数据通信方向及交换节点转发信息的方式；差错控制涵盖差错类型及多种校验方法原理，这些都是计算机数据通信知识关键要点。

5.1 信道带宽考点梳理

【基础知识点】

模拟信道的带宽 $W=f_2-f_1$，其中，f_1 是信道能通过的最低频率，f_2 是信道能通过的最高频率。两者都是由信道的物理特性决定的。为了使信号传输中的失真小一些，信道要有足够的带宽。

码元携带的信息量由码元取的离散值的个数决定。若码元取两个离散值，则一个码元携带 1 位信息。若码元可取 4 个离散值，则一个码元携带 2 位信息。总之，一个码元携带的信息量 n（位）与码元的种类数 N 的关系是 $n=\log_2 N(N=2^n)$。

数据速率与波特率不同，仅在码元为两个离散值时数值相同。香农定理指出，有噪声信道的最大数据速率由公式 $C=W\log_2(1+S/N)$ 计算，其中 C 是信道容量，W 是带宽，S 是信号功率，N 是噪声功率，S/N 是信噪比。实践中，常用分贝（dB）表示信噪比，计算公式为 $dB=10\log_{10}S/N$。

带宽、码元速率、数据速率的关系如图 5-2 所示。

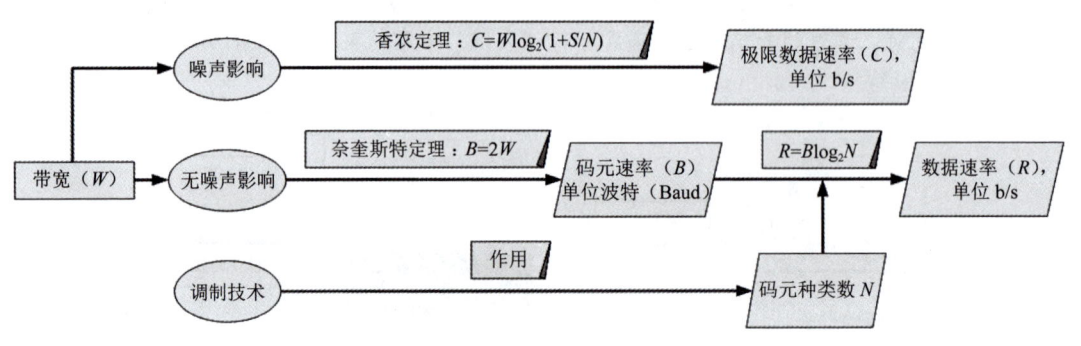

图 5-2 带宽、码元速率、数据速率的关系

5.2 传输介质考点梳理

【基础知识点】

1. 双绞线

双绞线由粗约 1mm 的互相绝缘的一对铜导线绞扭在一起组成，对称均匀地绞扭可以减少线对之间的电磁干扰。双绞线可分为屏蔽双绞线（Shielded Twisted Pair，STP）和无屏蔽双绞线（Unshielded Twisted Pair，UTP）。双绞线的测试参数主要包括：长度测量、近端串扰、远端串扰、衰减、衰减串扰比、回波损耗及特性阻抗等。

2. 同轴电缆

下面将详细介绍同轴电缆的具体特性、类型以及相关概念。

（1）同轴电缆采用铜导线，可提供高带宽和良好的噪声抑制。局域网中常见的类型包括基带和宽带同轴电缆。

1）基带同轴电缆，阻抗 50Ω，传输数字信号。粗缆适用于大型局域网，具有传输距离远、可靠性高、安装连续等特点，但需外接收发器，安装复杂且成本高；细缆安装简便，成本低，但需切断电缆，易出故障。

2）宽带同轴电缆，阻抗 75Ω，传输模拟信号，常用 RG-59 型号。

（2）计算机产生的方波电信号，即基带信号，其固有频率范围也称为基带。局域网通常采用基带传输，如 100Base-T 中的"Base"即指基带。

（3）频带指的是模拟信号的频率范围，常用于远距离传输，如电话网络。基带信号通过调制转换为高频模拟信号进行传输，称为频带传输。

（4）宽带传输涉及将链路容量分成多个信道，覆盖比音频更宽的频带范围。

3. 光纤

光纤作为一种重要的通信传输介质，其特点和性能如下。

（1）光纤测试指标一般包括：最大衰减限值、波长窗口参数和回波损耗限值。常见光纤的接口类型有 FC、ST、SC、LC。

（2）光波在光导纤维中以多种模式传播，不同的传播模式有不同的电磁场分布和不同的传播路径，这样的光纤叫作多模光纤。光波在光纤中以什么模式传播，这与芯线和包层的相对折射率、芯线的直径以及工作波长有关。如果芯线的直径小到光波波长大小，则光纤就成为波导，光在其中无反射地沿直线传播，这种光纤叫作单模光纤。

（3）光导纤维作为传输介质具有以下优点。

1）具有很高的数据速率、极高的频带、低误码率和低延迟。

2）光传输不受电磁干扰，不可能被偷听，因而安全性和保密性能好。

3）光纤重量轻、体积小、铺设容易。

（4）单模光纤和多模光纤的比较见表 5-1。

表 5-1 单模光纤和多模光纤

对比项目	单模光纤	多模光纤
光源	激光二极管	发光二极管
光源波长	1310nm/1550nm	850nm
纤芯直径/包层外径	9/125μm	50/125μm 和 62.5/125μm
传输距离	数百公里	550m 和 275m
特性	抗噪强、距离远、价格高	抗噪弱、距离短、价格低

4. 无线信道

有线信道包括双绞线、同轴电缆和光纤等传输介质，而无线信道由微波、红外、短波和激光组成。

（1）微波分为地面微波系统和卫星微波系统。微波通信的频率段为吉兆段的低端，一般是 1～11GHz，具有带宽高和容量大的特点。

（2）红外传输系统通过墙壁或屋顶反射红外线，形成广播通信，常见于电视遥控器。其优点为成本低、带宽高，但因其传输距离有限，易受室内空气状况的影响。

（3）短波通信的优势在于成本低、便携性好，且不受地面微波站的方向性限制，中继站可实现远距离传输。然而，它易受电磁干扰和地形影响，且带宽小于微波通信。

（4）激光通信通过激光脉冲传输数字数据，需配对激光收发器并确保可视连接。其高频率提供高带宽和方向性，减少窃听和干扰风险。然而，激光源可能造成环境辐射污染，安装需特许，应用包括地面短距离通信和水下潜艇通信。

5.3 脉冲编码调制考点梳理

【基础知识点】

1. 编码解码器

编码解码器设备将模拟数据（如声音、图像）转换为数字信号，并在接收端解码还原，这一过程称为模拟数据的数字化。常用技术为脉冲编码调制（Pulse Code Modulation，PCM），涉及采样、量化和编码步骤。

2. 采样

采样时必须遵循奈奎斯特采样定理才能保证无失真地恢复原模拟信号，因此采样频率至少要大于模拟信号最高频率的 2 倍。

3. 量化

取样后得到的样本是连续值，这些样本必须量化为离散值，离散值的个数决定了量化的精度。

4. 编码

取样的速率是由模拟信号的最高频率决定的，而量化级的多少则决定了取样的精度。例如，对声音信号数字化时，由于话音的最高频率是 4kHz，所以取样速率 8kHz。对话音样本用 128 个等级量化，因而每个样本用 7（$\log_2 128$）位二进制数字表示。在数字信道上传输这种数字化了的话音信号的速率是 7×8000=56kb/s。即 数据速率 = 采样频率 × 采样比特数。

5. 补充

将模拟信号进行调制的主要方法是调幅（AM）、调频（FM）和调相（PM）。

5.4 通信和交换方式考点梳理

【基础知识点】

1. 数据通信方式

数据传输方向分为 3 种基本方式：

（1）单工通信仅限单向，如广播。
（2）半双工允许双方交替发送接收信息。
（3）全双工支持双方同时发送接收，效率最高。

2. 交换方式

交换节点转发信息的方式分为电路交换、报文交换和分组交换。

（1）电路交换。先建立物理临时连接通道再进行通信，会占用整个链路直至通信结束。电路交换需要等待连接建立，但之后可提供专用无干扰通路，无延迟。此方式链路空闲率高，无差错控制，适合大量数据传输，少量信息传输效率低。电路交换是面向连接的。

（2）报文交换。数据块组成报文，无大小限制，交换设备需大容量磁盘缓存。它不适用于交互式通信。报文交换的优势在于不需专用链路，共享线路，利用率高，采用存储—转发方式。

（3）分组交换。数据包在分组交换中具有固定长度。发送节点将信息分组、编号，并添加源地址、目标地址及分组头信息，此过程称为打包。分组交换是报文交换的改进，以太网、广域网络一般采用此技术。分组交换采用存储—转发的方式。通信中的分组传播有两种方式：数据报和虚电路。

1）数据报。类似于报文交换，但信息到达顺序可能与发送顺序不同。发送端需要对设备分组编号，接收端设备拆分并重排分组，提供无连接服务。

2）虚电路。虚电路通信类似于电路交换，但允许其他通信共享线路。它通过确认分组接收情况以及进行流量和差错控制来确保可靠通信，不过其灵活性不如数据报方式且效率较低。虚电路可以是暂时的，也可以是永久的。虚电路适合于交互式通信，数据报方式更适合于单向地传送短消息。分组交换也意味着按分组纠错，发现错误只需重发出错的分组，以使通信效率提高。DLCI 数据链路连接标识（Data Link Connection Identifier，DLCI）用于区分多条虚电路。DLCI 只具有本地意义。

5.5 差错控制考点梳理

【基础知识点】

1. 差错控制概述

通信错误分为随机错误和突发错误。随机错误由热噪声引起，这种噪声是由电子热运动产生的，它影响个别位，且信噪比越高，错误越少。突发错误通常由冲击噪声引起，其表现为短时大振幅的位串错误，也包括由信号失真和串音等导致的局部错误。为了控制差错率，需提高通信设备的信噪比。

2. 奇偶校验

奇偶校验是一种校验代码传输正确性的方法。它根据被传输的一组二进制代码数位中"1"的个数是奇数或偶数来进行校验，采用奇数的称为奇校验，反之则称为偶校验。该方法只能检错不能纠错。奇偶校验有两种校验规则：

（1）奇校验：使完整编码（有效位和校验位）中的"1"的个数为奇数个。

（2）偶校验：使完整编码（有效位和校验位）中的"1"的个数为偶数个。

奇偶校验通过在 ASCII 代码后增加一位来确保码字中"1"的个数为奇数或偶数，便于发现传输错误，但它仅适用于少量随机错误。

3. 海明码

海明码是一种多重奇偶检错码，具有检错和纠错的功能。在 m 位数据后面加上 k 位校验位，组成信息 $m+k$，使得 $2^k \geq m+k+1$。关系式给出了 k 的下界，即要纠正单个错误，k 取最小值。码距也叫海明距离，即指两个码字对应位上数字不同的位数（比特数）。校验码必须在 2^n 的位置上，从左往右，比如 1（2^0）、2（2^1）、4（2^2）……

4. 循环冗余校验（Cyclic Redundancy Check，CRC）

CRC 是一种循环码，它有很强的检错能力，通常情况下不能纠错，并且容易用硬件实现，因此在局域网中广泛应用。CRC 常采用重传机制来确保数据准确。

例如：二进制数据位 10101110，生成多项式为 $G(X) = X^5+X^3+1$，求 CRC 校验码。

解答：多项式 X^5+X^3+1 转换为二进制是 101001，最高次幂是 5，所以在传输数据 10101110 后面加 5 个 0，数据变为 1010111000000，然后再用 1010111000000 除以 101001（进行异或运算，相同得 0，不同得 1），得到的余数 01000 就是 CRC 校验码。

注意：余数的位数一定是多项式的最高次幂，不足补零。所以 CRC 校验码应该是 01000。最后传输的数据应该是 1010111001000。

5.6 考点实练

1. 光信号在单模光纤中以（　　）方式传播。
   A．直线传播　　　B．渐变反射　　　C．突变反射　　　D．无线收发
   答案：A

2. 在海明码中,如果信息位长度为 7,那么为了纠正单个错误,至少需要添加（　　）位校验位。
   A．7　　　　　　B．14　　　　　　C．4　　　　　　　D．3
   答案：C

3. 在（　　）校验方法中，采用模 2 运算来构造校验位。
   A．水平奇偶　　　B．垂直奇偶　　　C．海明码　　　　D．循环冗余
   答案：D

4. 对于校验和方法，出现突发错误而得到正确的校验字节的概率是（　　）。
   A．1/2　　　　　B．1/256　　　　C．1/16　　　　　D．1/8
   答案：B

第 6 章 局域网知识点梳理及考点实练

6.0 章节考点分析

第 6 章主要学习局域网基础内容。

根据考试大纲，本章知识点会涉及单项选择题，按以往的出题规律约占 3～5 分。本章内容属于基础知识范畴，考查的知识点主要来源于考试大纲。本章的架构如图 6-1 所示。

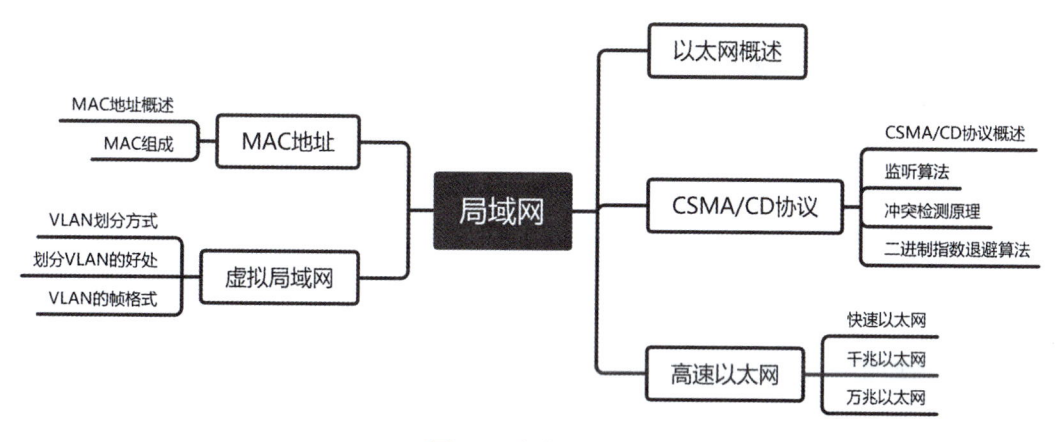

图 6-1 本章的架构

【导读小贴士】

以太网是计算机网络的关键部分，网络工程师学习时要掌握其协议、CSMA/CD 机制、高速以太网标准、MAC 地址相关知识以及虚拟局域网的划分和帧格式等内容，这些知识是构建和管理高效网络的重要基础。

6.1 以太网概述考点梳理

【基础知识点】

以太网是局域网通信协议，规定了电缆类型和信号处理。它使用两种帧格式，即：Ethernet_II（常见）和 IEEE 802.3，如图 6-2 所示。

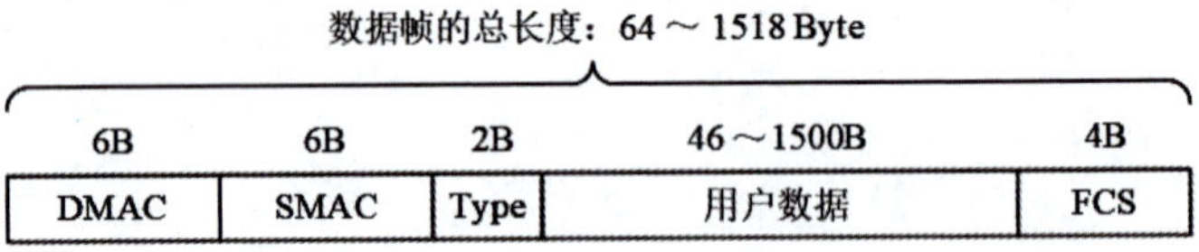

```
           数据帧的总长度：64 ～ 1518 Byte
   ┌─────────────────────────────────────────────┐
   6B      6B     2B      46～1500B        4B
┌──────┬──────┬──────┬──────────────┬──────┐
│ DMAC │ SMAC │ Type │   用户数据    │ FCS  │
└──────┴──────┴──────┴──────────────┴──────┘
```

图 6-2　Ethernet_II 格式

6.2 CSMA/CD 协议考点梳理

【基础知识点】

1. CSMA/CD 协议概述

对总线型、星型和树型拓扑最适合的介质访问控制协议是 CSMA/CD。

CSMA/CD 协议是分布式介质访问控制方法。CSMA 的基本原理是在发送数据之前，先监听信道上是否有别的站发送的载波信号。若有，说明信道正忙，否则说明信道是空闲的，然后根据预定的策略决定：

（1）若信道空闲，是否立即发送。

（2）若信道忙，是否继续监听。

2. 监听算法

监听算法不能完全避免发生冲突，但是可以把冲突概率减到最小，一般有 3 种监听算法。3 种监听算法及特点见表 6-1。

表 6-1　3 种监听算法及特点

算法	信道空闲时	信道忙时	特点
非坚持型	立即发送	后退一个随机时间，再监听	优点：由于随机时延后退，减少冲突概率 缺点：信道利用率降低，增加发送时延
1-坚持型	立即发送	继续监听，直到空闲后立即发送	优点：有利于抢占信道，减少信道空闲时间 缺点：会增加冲突

算法	信道空闲时	信道忙时	特点
P-坚持型	以概率 P 发送，以概率（1-P）延迟一个时间单位。一个时间单位等于网络传输时延 τ	继续监听，直到空闲。如果发送延迟一个时间单位 τ，则按照空闲方式继续处理	综合上述两种算法优点，但实现复杂

3. 冲突检测原理

（1）载波监听能够降低冲突概率，但不能完全避免冲突。冲突发生后若继续发送数据，会浪费带宽，这种情况在发送长帧时尤其明显。为提高带宽利用率，发送站应采用边发边监听的冲突检测方法。

1）在发送数据的同时进行接收，并把接收的数据与站中存储的数据进行比较。

2）若比较结果一致，说明没有冲突，继续执行步骤1）。

3）若比较结果不一致，说明发生了冲突，立即停止发送，并发送一个简短的干扰信号（Jamming），使所有站点都停止发送数据。

4）发送 Jamming 信号后，等待一段随机时长，再次进行监听，再试着重新发送。

（2）带冲突检测的监听算法就是把浪费带宽的时间减少到冲突检测的时间。在基带系统中，检测冲突的最长时间为网络传播延迟的两倍，把这个时间叫作冲突窗口。

（3）网络标准中根据设计的数据速率和最大网段长度规定了最小帧长 L_{min}。计算公式：$L_{min}=2R \times d/v$，其中，R 表示网络数据速率；d 表示最大段长；v 表示信号传播速度。有了最小帧长的限制，发送站必须对较短的帧增加填充位，使其长度等于最小帧长。小于最小帧长的帧会被认为是冲突碎片而丢弃。

4. 二进制指数退避算法

（1）二进制指数退避算法考虑网络负载的变化情况，其优点是把后退时延的平均值与网络负载的大小联系起来。

（2）二进制指数退避算法的过程如下：

1）将冲突发生后的时间划分为长度为 2 的时隙。

2）发生第一次冲突后，各个站点随机等待 0 或 1 个时隙再开始重传。

3）发生第二次冲突后，各个站点随机地选择等待 0、1、2 或 3 个时隙后再开始重传。

4）第 i 次冲突后，在 0 至 2^i-1 间随机地选择一个等待的时隙数，再开始重传。

5）经过 10 次冲突后，选择等待的时隙数固定在 0 至 1023（$2^{10}-1$）之间。

6）经过 16 次冲突后，判定发送失败，并报告上层。

IEEE 802.3 标准采用 CSMA/CD 协议，其关键功能如载波监听、冲突检测等由网卡硬件执行。它采用 1-坚持型监听算法，能够快速占用信道并简化实现。在侦测到网络处于空闲状态之后，仍需等待 9.6μs 的最短帧间隔时间，以确保网络环境稳定，随后方可开始数据传输。

6.3　高速以太网考点梳理

【基础知识点】

1. 快速以太网

快速以太网使用的传输介质、传输介质标准、多模光纤和单模光纤的芯线直径等见表 6-2。

表 6-2　快速以太网标准

标准	名称	传输介质	最大段长	特点
IEEE 802.3u	100Base-T2	2 对 3 类 UTP	100m	—
	100Base-T4	4 对 3 类 UTP	100m	采用 8B/6T 编码
	100Base-FX	一对多模光纤 MMF	2km	62.5/125μm，采用 4B/5B 和 NRZ-I 编码
		一对单模光纤 SMF	40km	8/125μm，采用 4B/5B 和 NRZ-I 编码
	100Base-TX	2 对 5 类 UTP	100m	采用 MLT-3 编码
		2 对 STP	100m	

2. 千兆以太网

（1）千兆数据速率需要采用新的数据处理技术：首先是最小帧长需要扩展，以便在半双工的情况下增加跨距。其次，802.3z 还定义了一种帧突发方式，使得一个站可以连续发送多个帧。最后，物理层编码采用 8B/10B 或 4D-PAM5 编码法。

（2）千兆以太网沿用了 IEEE 802.3 规范所采用的 CSMA/CD 技术。最小帧长为 512B，最大帧长为 1518B。传输介质标准有 1000Base-T、1000Base-SX、1000Base-LX 和 1000Base-CX 4 种。具体见表 6-3。

表 6-3　千兆以太网标准

标准	名称	传输介质	最大段长	特点
IEEE 802.3z	1000Base-SX	光纤（短波 770～860nm）	550m	多模光纤（50μm，62.5μm），采用 8B/10B 编码
	1000Base-LX	光纤（短波 1270～1355nm）	5000m	单模光纤（10μm）或多模光纤（50μm，62.5μm）采用 8B/10B 编码
	1000Base-CX	2 对 STP	25m	采用 8B/10B 编码。采用屏蔽双绞线，适用于同一房间内的设备之间，如交换机之间连接
IEEE 802.ab	1000Base-T	4 对 UTP	100m	采用 4D-PAM5 编码方式

3. 万兆以太网

10G 以太网（10GE）使用 IEEE 802.3 标准的帧格式，采用全双工业务和流量控制方式，最小帧长为 512B，最大帧长为 1518B。因为 10GE 只工作在全双工方式，无争用问题，所以不使用 CSMA/CD 协议。传输介质标准有 10GBase-S、10GBase-L、10GBase-E 和 10GBase-LX4。具体见表 6-4。

表 6-4 万兆以太网标准

标准	名称	传输介质	最大段长	特点
IEEE 802.3ae	10GBase-S	50μm 多模光纤	300m	采用 64B/66B 编码，850nm 串行
		62.5μm 多模光纤	65m	
	10GBase-L	单模光纤	10km	采用 64B/66B 编码，1310nm 串行
	10GBase-E	单模光纤	40km	采用 64B/66B 编码，1550nm 串行
	10GBase-LX4	单模光纤	10km	采用 8B/10B 编码。信号方式为 WDM（波分复用），通过使用 4 路波长统一为 1310nm 的分离光源来实现 10Gb/s 传输，速率为 4×2.5Gb/s。
		50μm 多模光纤	300m	
		62.5μm 多模光纤	300m	

6.4 MAC 地址考点梳理

【基础知识点】

1. MAC 地址概述

MAC 地址是根据 IEEE 802 标准定义的，所有遵循该标准的以太网卡都必须具备一个全球唯一的 MAC 地址。

2. MAC 组成

MAC 地址长度为 48 比特，通常用 12 位的十六进制表示，如 00-11-22-33-44-55。MAC 地址包含两部分：从左往右，前 24 位是由 IEEE 统一分配的厂商代码，也叫组织唯一标识符（Organizationally Unique Identifier，OUI）；后 24 位是厂商分配给每个产品的唯一数值，由各个厂商自行分配。

6.5 虚拟局域网考点梳理

【基础知识点】

虚拟局域网（Virtual Local Area Network，VLAN）是根据管理功能、组织机构或应用类型对交换局域网进行分段而形成的逻辑网络，与用户的物理位置无关。

1. VLAN 划分方式

在交换机上划分 VLAN，可以采用静态或动态的方法。

（1）静态划分 VLAN。这是基于端口的划分方法，把各个端口固定分配给不同的 VLAN。

（2）动态划分 VLAN。它包括根据 MAC 地址、网络层协议、网络层地址、IP 广播域或管理策略等来划分 VLAN。其中根据 MAC 地址划分 VLAN 的方法用得最多。

2. 划分 VLAN 的好处

划分 VLAN 的好处：控制广播风暴，提升带宽利用率；配置 VLAN 路由实现广播过滤、安全和流量控制；VLAN 允许按管理功能而非地理位置划分工作组。不同 VLAN 之间通信，需要借助路由设备、子接口和 VLANIF 实现。

3. VLAN 的帧格式

（1）IEEE 802.1Q 定义了 VLAN 帧标记的格式，在原来的以太帧中增加了 4 个字节的标记（Tag）字段，802.1Q 帧格式如图 6-3 所示。

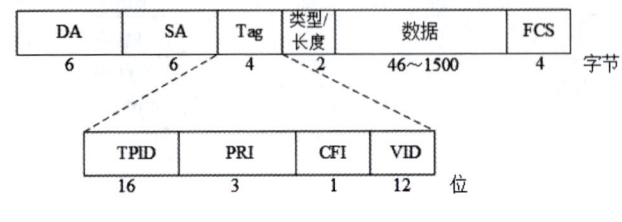

图 6-3　802.1Q 帧格式

（2）Tag 中各字段的含义见表 6-5。

表 6-5　802.1Q 帧 Tag 中各字段的含义

字段	长度 / 位	意义
TPID	16	标签协议标识符，设定为 0x8100，表示该帧为 802.1Q 帧
PRI	3	标识帧优先级，取值 0～7，数值越大优先级越高，主要用于 QoS
CFI	1	标准格式指示符（规范格式指示），0 表示以太网
VID	12	VLAN 标识符，取值范围 0～4095，其中 0 用于识别优先级，4095 保留未用，所以可用 VLAN ID 有 4094 个（1～4094）。交换机接口默认是 VLAN 1

6.6　考点实练

1. CSMA/CD 采用的介质访问技术属于资源的（　　）。
   A．轮流使用　　　B．固定分配　　　C．竞争使用　　　D．按需分配
   答案：C
2. VLAN 帧的最小帧长是（1）字节，其中表示帧优先级的字段在（2）。
   （1）A．60　　　　B．64　　　　　C．1518　　　　D．1522
   （2）A．Type　　　B．PRI　　　　C．CFI　　　　　D．VID

答案：(1) B　(2) B

3．下面列出的 4 种快速以太网物理层标准中，采用 4B/5B 编码技术的是（　　）。

  A．100Base-FX　　　　　　　　　　B．100Base-T4

  C．100Base-TX　　　　　　　　　　D．100Base-T2

答案：A

4．下列高速以太网连接技术中，传输距离超过 10km 的是（　　）。

  A．1000Base-CX　　　　　　　　　　B．1000Base-ZX

  C．1000Base-LX　　　　　　　　　　D．1000Base-FX

答案：B

5．某大型以太网只有两个主机，它们同时发送帧，形成碰撞后按截断二进制指数退避算法进行重传。重传次数记为 $i,i=1,2,3,\cdots$，则一个主机成功发送数据之前的平均重传次数约为（　　）。

  A．1　　　　B．4.75　　　　C．1.64　　　　D．3.25

答案：C

6．VLAN 技术所依据的协议是（　　）。

  A．IEEE 802.15　　B．IEEE 802.3　　C．IEEE 802.11　　D．IEEE 802.1Q

答案：D

第 7 章
应用层知识点梳理及考点实练

7.0 章节考点分析

第 7 章主要学习应用层部分，包括超文本传输协议、简单邮件传输协议和域名系统（DNS）等。

根据考试大纲，本章知识点会涉及单项选择题及案例分析题，单项选择题预计分值 2~3 分。本章内容侧重于概念知识，多数参照教材。本章的架构如图 7-1 所示。

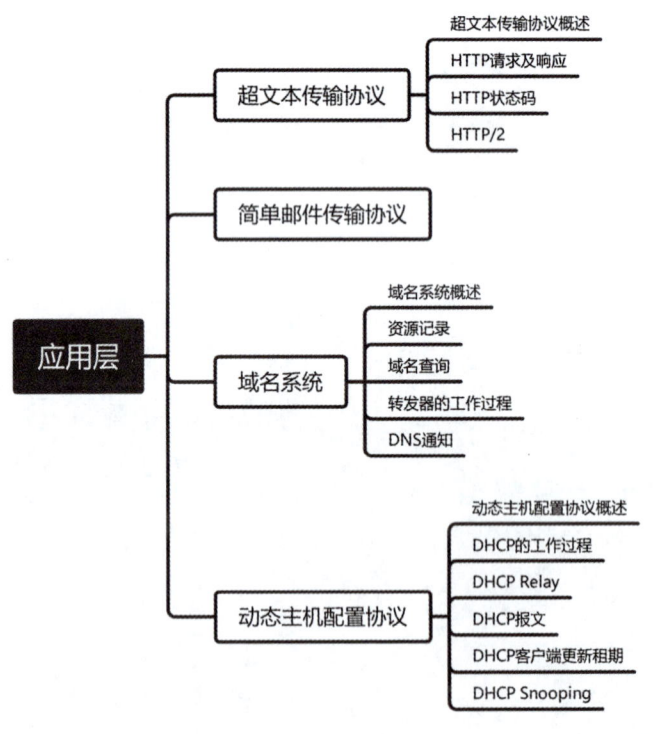

```
                                    ┌── 超文本传输协议概述
                                    ├── HTTP 请求及响应
                    ┌── 超文本传输协议 ┤
                    │                ├── HTTP 状态码
                    │                └── HTTP/2
                    │
                    ├── 简单邮件传输协议
                    │
                    │                ┌── 域名系统概述
                    │                ├── 资源记录
            应用层 ──┤── 域名系统 ────┤── 域名查询
                    │                ├── 转发器的工作过程
                    │                └── DNS 通知
                    │
                    │                      ┌── 动态主机配置协议概述
                    │                      ├── DHCP 的工作过程
                    │                      ├── DHCP Relay
                    └── 动态主机配置协议 ──┤── DHCP 报文
                                           ├── DHCP 客户端更新租期
                                           └── DHCP Snooping
```

图 7-1 本章的架构

【导读小贴士】

网络工程师需掌握超文本传输、简单邮件传输、域名系统、动态主机配置等协议知识，包括其架构、端口、查询、工作过程、报文及安全防护等要点，为网络通信及配置管理夯实基础。

7.1　超文本传输协议考点梳理

【基础知识点】

1. 超文本传输协议概述

超文本传输协议（HyperText Transfer Protocol，HTTP）是应用层协议，用于分布式、协作性及超媒体信息系统，通常在 TCP 的 80 端口上运行。

2. HTTP 请求及响应

HTTP 基于客户端/服务端（C/S）的架构进行信息交互。HTTP 请求及响应有如下 5 个步骤。

（1）客户端与服务器建立 TCP 连接。

（2）客户端发送 HTTP 请求，这个请求报文由请求行、请求头部、空行和请求数据 4 个部分组成。

（3）服务器接收请求并返回 HTTP 响应。响应报文由状态行、响应头部、空行和响应正文 4 部分组成。

（4）客户端浏览器解析响应报文并显示。客户端浏览器依次解析状态行、响应头部、响应正文并显示。

（5）释放 TCP 连接。

3. HTTP 状态码

HTTP 状态码是服务器响应状态的 3 位数字码，用于向客户端返回操作结果。所有状态码的第一个数字代表了响应的 5 种状态。HTTP 状态码的类别及含义见表 7-1。

表 7-1　HTTP 状态码的类别及含义

状态码首字符	消息类别	含义
1	指示信息	表示请求已接收，继续处理
2	成功	表示请求已被成功接收并处理
3	重定向	需要更进一步操作以完成请求
4	客户端错误	请求有语法错误或请求无法实现
5	服务器端错误	服务器在处理请求过程中发生了错误

4. HTTP/2

HTTP/2，即第二版超文本传输协议，用于万维网。HTTP/2 保留了 HTTP 的应用语义，但改变了报文格式，通过二进制分帧层提升性能。它基于 SPDY 协议，通过头部压缩、多路复用和服务器推送等技术减少延迟，加快页面加载。

7.2 简单邮件传输协议考点梳理

【基础知识点】

电子邮件使用 SMTP、POP3 和 IMAPv4 协议。

（1）SMTP 协议默认使用 TCP 的 25 号端口，主要用于发送邮件。

（2）POP3 协议默认使用 TCP 的 110 号端口，主要用于接收邮件。

（3）IMAPv4 协议：用户可通过电子邮件客户端从服务器下载邮件，并在客户端和邮箱之间同步更新邮件的移动和删除操作。IMAPv4 与 POP3 的主要区别在于 IMAPv4 允许用户直接在服务器上操作邮件，无须下载所有邮件，而查阅邮件时则需要连接到互联网。IMAPv4 协议默认端口号为 143。

电子邮件地址的格式是用户名 @ 邮件服务器的域名，如 xuedalong@xdl.com，其中 xuedalong 就是邮件服务器中收件人的用户名，xdl.com 是邮件服务器的域名。

7.3 域名系统考点梳理

1. 域名系统概述

（1）域名系统（Domain Name System，DNS）通过层次结构的分布式数据库建立了一致性的名字空间，用来定位网络资源，把便于人们使用的机器名字转换为 IP 地址。

（2）DNS 采用分层的域名树结构，由 Internet 网络信息中心管理根域，根域用"."表示，是域名空间的顶级。域名末尾的"."可省略，DNS 服务器能自动补全或处理带"."的域名。

（3）根域下面是顶级域，顶级域名分为 3 类：

1）国家顶级域名——如 cn 表示中国。

2）通用顶级域名——如 com（公司企业），net（网络服务机构），org（非营利性组织）。

3）基础结构域名——这种顶级域名只有一个，即 arpa，用于反向域名解析。

（4）我国把二级域名划分为"类别域名"和"行政区域名"两大类。

1）"类别域名"共 7 个，分别为 ac（科研机构）、com（工、商、金融等企业）、edu（中国的教育机构）、gov（中国的政府机构）、mil（中国的军事机构）、net（提供互联网络服务的机构）及 org（非营利性的组织）。

2）"行政区域名"共 34 个，适用于我国的各省（自治区、直辖市）。例如，js（江苏省）。

（5）域名由字母、数字和连接符组成，不区分大小写，首尾字符必须是字母或数字。每级域名通常不超过 63 个字符，便于记忆的域名不超过 12 个字符，整个域名长度限制在 255 个字符以内。

（6）互联网的域名空间如图 7-2 所示。

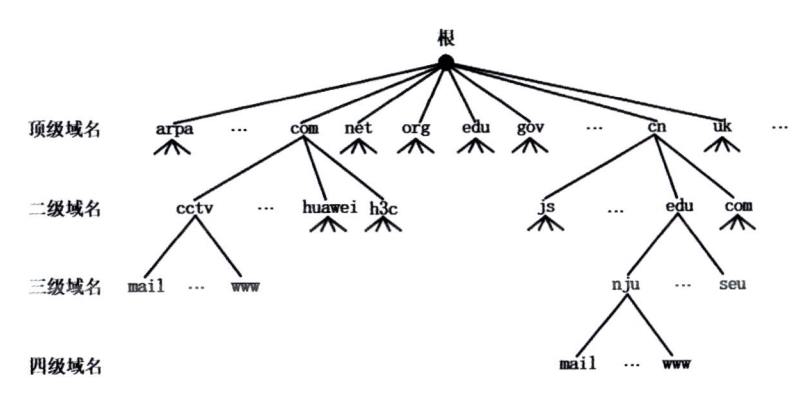

图 7-2　互联网的域名空间

2．资源记录

DNS 资源记录见表 7-2。

表 7-2　DNS 资源记录

记录	说明
SOA（起始授权机构）	指明区域主服务器、区域管理员的邮件地址及区域复制信息
NS（名字服务器）	为一个域指定了授权服务器，该域的所有子域也被委派给这个服务器
A（主机）	把主机名解析为 IP 地址（IPv4），IPv6 对应的是 AAAA 记录
PTR（指针）	反向查询，把 IP 地址解析为主机名
MX（邮件服务器）	指明区域的邮件服务器及优先级
CNAME（别名记录）	指定主机名的别名，把主机名解析为另一个主机名

3．域名查询

（1）DNS 服务器支持正向和反向查询：正向查询将域名解析为 IP 地址，而反向查询将 IP 地址解析为域名。每个 DNS 服务器都配备了一个高速缓存区，用于存储最近的查询结果以加快后续查询的速度。若缓存中无结果，则向其他服务器发起查询请求。

（2）DNS 客户端都配置了一个或多个 DNS 服务器的地址，客户端就可以向本地的 DNS 服务器发出查询请求。查询过程分为递归查询和迭代查询两种方式。

1）递归查询：当用户发出查询请求时，本地服务器要进行递归查询。这种查询方式要求服务器彻底地进行名字解析，并返回最后的结果——IP 地址或错误信息。

2）迭代查询：服务器与服务器之间的查询采用迭代的方式进行，发出查询请求的服务器得到的响应可能不是目标的 IP 地址，每次都更接近目标的授权服务器，直至得到最后的结果——

39

目标的 IP 地址或错误信息。

4. 转发器的工作过程

客户机向本地 DNS 服务器查询，若未果，请求 DNS 转发器进行递归查询。DNS 转发器通过迭代查询获取结果，然后将结果传回本地 DNS 服务器并返回给客户机。根提示是 DNS 服务器中的资源记录，包含根服务器信息，用于解析外部主机名。转发器的工作过程如图 7-3 所示。

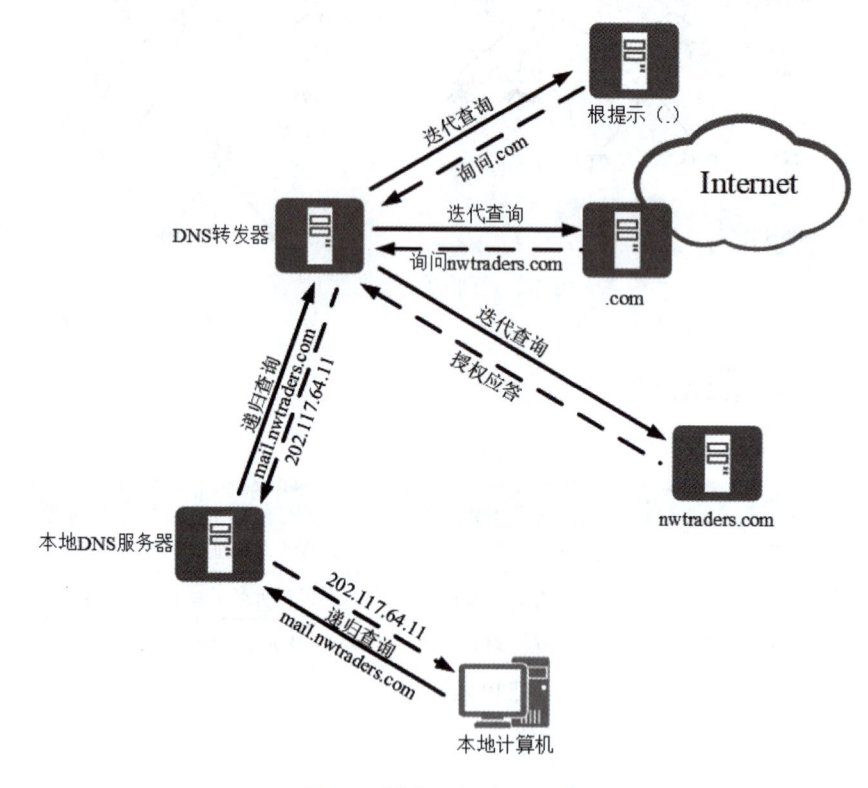

图 7-3　转发器的工作过程

5. DNS 通知

基于 Windows 的 DNS 服务器支持 DNS 通知。DNS 通知是一种"推进"机制，使得辅助服务器能及时更新区域信息。DNS 通知也是一种安全机制，只有被通知的辅助服务器才能进行区域复制，这样可以防止没有授权的服务器进行非法的区域复制。

7.4　动态主机配置协议考点梳理

1. 动态主机配置协议概述

动态主机配置协议（Dynamic Host Configuration Protocol，DHCP）是一种用于动态管理用户 IP 地址的技术。它采用客户端 / 服务器（C/S）通信模式，基于 UDP 协议。客户端使用 68 端口向服务器发送报文，服务器则使用 67 端口回复客户端。

2. DHCP 的工作过程

DHCP 的工作原理如图 7-4 所示。

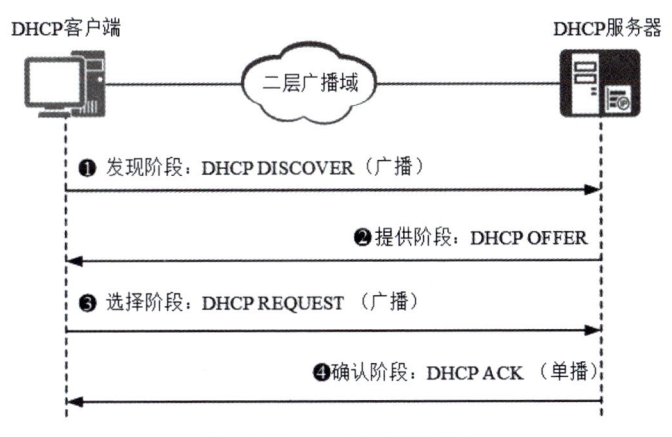

图 7-4　DHCP 的工作原理

（1）首次接入网络的 DHCP 客户端以广播方式发送 DHCP DISCOVER 报文（源地址是 0.0.0.0，目的 IP 地址为 255.255.255.255）给同一网段内的所有设备。

（2）DHCP 服务器收到 DHCP DISCOVER 报文后，从接收到 DHCP DISCOVER 报文的接口 IP 地址的地址池中选择一个可用的 IP 地址，然后通过 DHCP OFFER 报文发送给 DHCP 客户端。

（3）若存在多个 DHCP 服务器对 DHCP 客户端发出 DHCP OFFER 报文，客户端将仅接受首个接收到的 DHCP OFFER 报文。随后，客户端将通过广播形式发送 DHCP REQUEST 报文，该报文中将包含客户端期望获得的 IP 地址等相关信息。

（4）DHCP 客户端广播发送 DHCP REQUEST 报文通知所有的 DHCP 服务器，它将选择某个 DHCP 服务器提供的 IP 地址，其他 DHCP 服务器可以重新将曾经分配给客户端的 IP 地址分配给其他客户端。

（5）当 DHCP 服务器收到 DHCP 客户端发送的 DHCP REQUEST 报文后，DHCP 服务器回应 DHCP ACK 报文，表示 DHCP REQUEST 报文中请求的 IP 地址分配给客户端使用。

（6）DHCP 客户端收到 DHCP ACK 报文，会广播发送免费 ARP 报文，探测本网段是否有其他终端使用服务器分配的 IP 地址，如果收到了回应，客户端会向服务器发送 DHCP DECLINE 报文，并重新向服务器请求 IP 地址，服务器会将此地址列为冲突地址。如果没有收到回应，表示客户端可以使用此地址。

3. DHCP Relay

DHCP Relay 即 DHCP 中继，它的提出是为了解决 DHCP 服务器和 DHCP 客户端不在同一个广播域的问题，其具备对 DHCP 广播报文的中继转发功能。有中继时 DHCP 工作原理如图 7-5 所示。

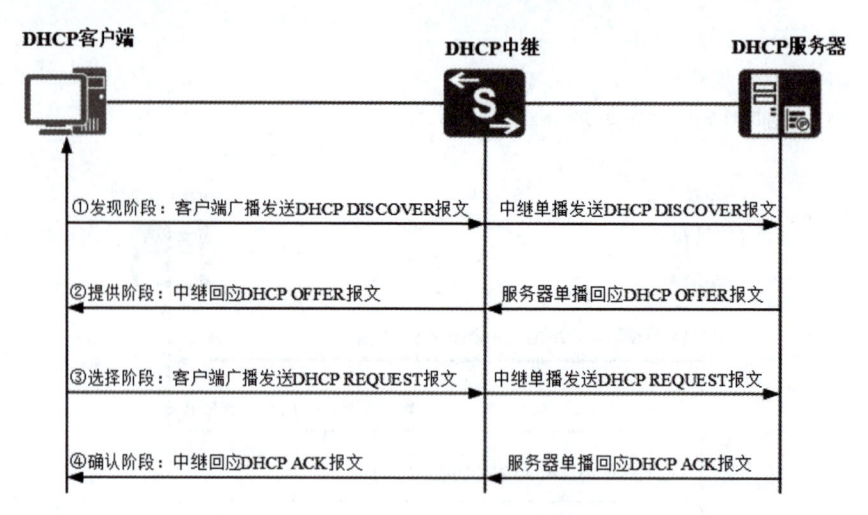

图 7-5　有中继时 DHCP 工作原理

4. DHCP 报文

DHCP 报文见表 7-3。

表 7-3　DHCP 报文

报文名称	说明
DHCP DISCOVER	客户端首次接入网络时 DHCP 的第一个报文，用来寻找 DHCP 服务器
DHCP OFFER	DHCP 服务器用来响应 DHCP DISCOVER 报文
DHCP REQUEST	（1）客户端用 DHCP REQUEST 报文来回应服务器的 DHCP OFFER 报文 （2）客户端重启后，用 DHCP REQUEST 报文来确认先前被分配的 IP 地址等配置信息 （3）当客户端和某 IP 地址绑定后，发送 DHCP REQUEST 报文来更新 IP 地址的租约
DHCP ACK	服务器对客户端的 DHCP REQUEST 报文的确认响应报文
DHCP NAK	服务器对客户端的 DHCP REQUEST 报文的拒绝响应报文
DHCP DECLINE	当客户端发现服务器分配给它的 IP 地址发生冲突时会发送此报文给服务器，并且会重新向服务器申请地址

5. DHCP 客户端更新租期

DHCP 客户端更新租期过程如图 7-6 所示。

（1）当租期达到 50%（T1）时：DHCP 客户端会以单播的方式向 DHCP 服务器发送 DHCP REQUEST 报文，请求更新 IP 地址租期。如果收到 DHCP 服务器回应的 DHCP ACK 报文，则租期更新成功；如果收到 DHCP NAK 报文，则需重新发送 DHCP DISCOVER 报文。

（2）当租期达到 87.5%（T2）时：如果仍未收到 DHCP 服务器的应答，DHCP 客户端会以广播的方式向 DHCP 服务器发送 DHCP REQUEST 报文，请求更新 IP 地址租期。如果收到 DHCP 服务器回应的 DHCP ACK 报文，则租期更新成功；如果收到 DHCP NAK 报文，则重新发送

DHCP DISCOVER 报文请求新的 IP 地址。

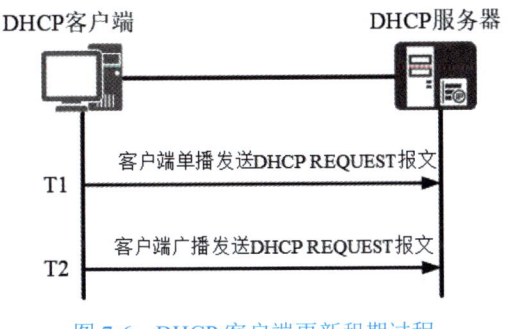

图 7-6 DHCP 客户端更新租期过程

（3）如果租期时间到期都没有收到服务器的回应，客户端会停止使用此 IP 地址，并重新发送 DHCP DISCOVER 报文以请求新的 IP 地址。

6. DHCP Snooping

（1）在网络中，存在一些针对 DHCP 的攻击，如 DHCP Server 仿冒者攻击、DHCP Server 的拒绝服务攻击、仿冒 DHCP 报文攻击等。为了保证网络通信业务的安全性，引入 DHCP Snooping 技术。

（2）DHCP Snooping 技术用于保证 DHCP 客户端从合法的 DHCP 服务器获取 IP 地址，并记录 DHCP 客户端 IP 地址与 MAC 地址等参数的对应关系，防止网络上针对 DHCP 服务器的各类攻击或者欺骗行为。

（3）DHCP Snooping 的信任功能将接口划分为信任接口和非信任接口。信任接口正常接收 DHCP 服务器响应的 DHCP ACK、DHCP NAK 和 DHCP OFFER 报文，设备只会将 DHCP 客户端的 DHCP 请求报文通过信任接口发送给合法的 DHCP 服务器。非信任接口在接收到上述报文后，会将该报文丢弃。

7.5 考点实练

1．用户发出 HTTP 请求后，收到状态码为 505 的响应，出现该现象的原因是（　　）。

　　A．页面请求正常，数据传输成功　　　　B．服务器根据客户端请求切换协议

　　C．服务器端 HTTP 版本不支持　　　　　D．请求资源不存在

答案：C

2．使用电子邮件客户端从服务器下载邮件，能实现邮件的移动、删除等操作在客户端和邮箱上更新同步，所使用的电子邮件接收协议是（　　）。

　　A．SMTP　　　　B．POP3　　　　C．IMAP4　　　　D．MIME

答案：C

3．某公司局域网使用 DHCP 动态获取 10.10.10.1/24 网段的 IP 地址，某天公司大量终端获得了 192.168.1.0/24 网段的地址，可在接入交换机上配置（　　）功能杜绝该问题再次出现。

　　A．dhcp relay　　　　　　　　B．dhcp snooping

　　C．mac-address static　　　　　D．arp static

答案：B

4．关于 DHCP OFFER 报文的说法中，（　　）是错误的。

　　A．接收到该报文后，客户端即采用报文中所提供的地址

　　B．报文源 MAC 地址是 DHCP 服务器的 MAC 地址

　　C．报文目的 IP 地址是 255.255.255.255

　　D．报文默认目标端口是 68

答案：A

第 8 章

传输层知识点梳理及考点实练

8.0 章节考点分析

第 8 章主要学习传输层部分，包括传输层概念、TCP 和 UDP 协议等。

根据考试大纲，本章知识点会涉及单项选择题及案例分析题，单项选择题预计分值 2～3 分。本章内容侧重于概念知识，多数参照教材。本章的架构如图 8-1 所示。

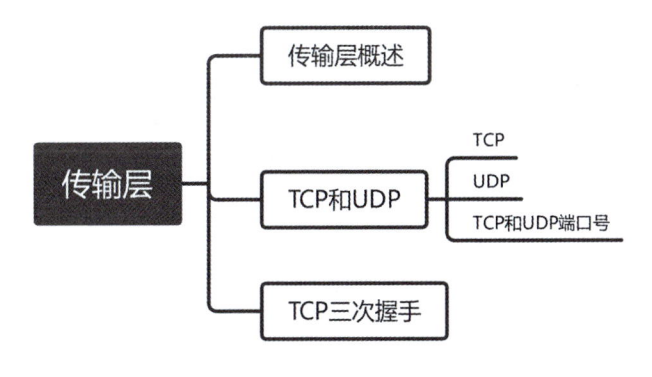

图 8-1 本章的架构

【导读小贴士】

传输层是网络通信的关键层次，网络工程师要掌握其核心协议 TCP 和 UDP 的特点、报文格式、端口号知识，以及 TCP 三次握手的连接建立过程，这些知识为保障网络数据的可靠或高效传输奠定基础。

8.1 传输层概述考点梳理

【基础知识点】

传输层协议接收来自应用层协议的数据，然后封装相应的传输层头部，并建立端到端的连接。传输层的 PDU 是 Segment（段）。

传输层包含两个核心协议：

（1）传输控制协议（Transmission Control Protocol，TCP）：提供面向连接的、可靠的传输服务，适用于各种可靠的或不可靠的网络。

（2）用户数据报协议（User Datagram Protocol，UDP）：提供无连接且不可靠的传输服务，因其协议开销小，在网络管理等领域得到了广泛应用。

8.2 TCP 和 UDP 考点梳理

【基础知识点】

1. TCP

（1）TCP 报文格式如图 8-2 所示。

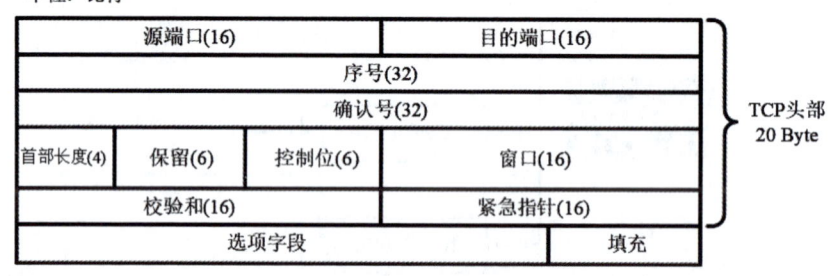

图 8-2　TCP 报文格式

（2）主要字段含义如下：

1）序号（Sequence Number）：TCP 连接中传输的数据流每个字节都编上一个序号。序号字段的值指的是本报文段所发送数据的第一个字节的序号。

2）确认号（Acknowledgment Number）：期望接收下一个数据段的第一个字节序号，即上一个数据段最后一个字节序号加 1，仅当 ACK 为 1 时此字段有效。

3）头部长度（Header Length）：指出 TCP 报文头部长度，以 32 比特（4 字节）为计算单位。若无选项内容，则该字段为 5，即头部长度为 20 字节。

4）控制位（Control bits）：包含 6 个标志位，表示 TCP 数据段的不同状态，具体如下：
- URG：紧急指针标志位为 1 时表示首部的紧急指针有效；若为 0，则表示紧急指针无效。
- ACK：确认 ACK 有效仅当其值为 1 时，若 ACK 为 0，则确认号无效。
- PSH：接收方应迅速将 PSH=1 的 TCP 报文段交给应用层，无须等待缓存满。
- RST：当 RST 标志位为 1 时，表示 TCP 连接遇到严重错误，需断开并重新建立连接。
- SYN：序号标识用于建立连接。SYN=1 时，若 ACK=0，表示请求连接；若 ACK=1，则表示确认连接。
- FIN：释放连接的报文段，当 FIN=1 时，表示发送端数据已发送完毕，请求释放连接。

5）窗口（Window）：本报文段发送方的接收窗口值，表示接收方当前允许发送的数据量，以字节为单位，从确认号开始计算。

6）校验和字段（Checksum）：计算校验和时，需包含 TCP 头部和数据，并在 TCP 报文段前附加 12 字节伪首部。

2. UDP

（1）UDP 报文格式如图 8-3 所示。

源端口(16)	目的端口(16)
长度(16)	校验和(16)

单位：比特；UDP 头部 8 Byte

图 8-3　UDP 报文格式

（2）伪首部。伪首部各字段仅用于校验和计算，伪首部格式如图 8-4 所示。

Byte	4	4	1	1	2
	源IP地址	目的IP地址	0	17	UDP长度

图 8-4　用于校验和计算的伪首部

3. TCP 和 UDP 端口号

（1）端口分为熟知端口（0～1023）、登记端口（1024～49151）和短暂端口号（49152～65535）。

（2）客户端源端口通常是随机的，而目标端口由服务器应用指定。源端口是未使用的且大于 1023 的端口，目标端口则是服务监听的端口。

（3）常见的应用协议默认端口号：FTP 数据端口为 20，控制端口为 21；Telnet 端口为 23；DHCP 服务端口为 67，客户端口为 68；SMTP 端口为 25；DNS 端口为 53；HTTP 端口为 80；HTTPS 端口为 443；POP3 端口为 110；TFTP 端口为 69；SNMP 轮询端口为 161，陷阱端口为 162；SSH 端口为 22；IMAP 端口为 143。

8.3　TCP 三次握手

【基础知识点】

基于 TCP 的应用，在发送数据之前，都需要由 TCP 进行"三次握手"建立连接。三次握手的目的是防止已经失效的连接请求报文段突然又传送到服务端因而产生错误。三次握手的过程如图 8-5 所示。

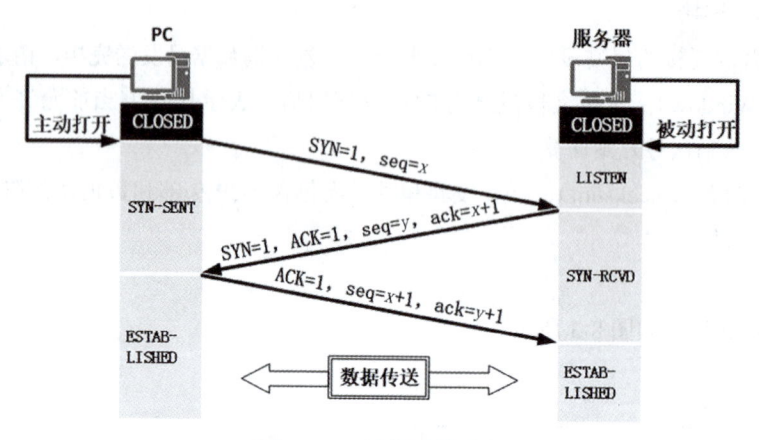

图 8-5　三次握手的过程

8.4　考点实练

1. TCP 的主要字段中，用于表示目标服务访问点的是（　　）。

　　A．源端口　　　　B．目的端口　　　C．发送顺序号　　　D．接收顺序号

答案：B

2. SNMP 采用 UDP 提供的数据报服务，这是由于（　　）。

　　A．UDP 比 TCP 更加可靠

　　B．UDP 报文可以比 TCP 报文大

　　C．UDP 是面向连接的传输方式

　　D．采用 UDP 实现网络管理不会增加太多网络负载

答案：D

3. 建立 TCP 连接时，被动打开一端在收到对端 SYN 前所处的状态为（　　）。

　　A．LISTEN　　　B．CLOSED　　　C．SYN RECEIVED　　　D．LAST ACK

解析：建立 TCP 连接时，对端被动打开后（即收到对端 SYN 前）状态从 CLOSED 变为 LISTEN 状态，在收到对端 SYN 后所处的状态为 SYN RECEIVED。

答案：A

4．TCP 和 UDP 协议均提供了（　　）能力。

  A．连接管理   B．差错校验和重传

  C．流量控制   D．端口寻址

答案：D

5．TCP 使用 3 次握手协议建立连接，以防止 (1)；当请求方发出 SYN 连接请求后，等待对方回答 (2) 以建立正确的连接；当出现错误连接时，响应 (3)。

  (1) A．出现半连接   B．无法连接

    C．产生错误的连接   D．连接失效

  (2) A．SYN，ACK   B．FIN，ACK

    C．PSH，ACK   D．RST，ACK

  (3) A．SYN，ACK   B．FIN，ACK

    C．PSH，ACK   D．RST，ACK

答案：(1) C　(2) A　(3) D

第 9 章
网络层知识点梳理及考点实练

9.0 章节考点分析

第 9 章主要学习网络层部分，包括 IP 协议、IPv4 协议、ICMPv4 协议等。

根据考试大纲，本章知识点会涉及单项选择题及案例分析题，单项选择题预计分值 2～3 分。本章内容侧重于概念知识，多数参照教材。本章的架构如图 9-1 所示。

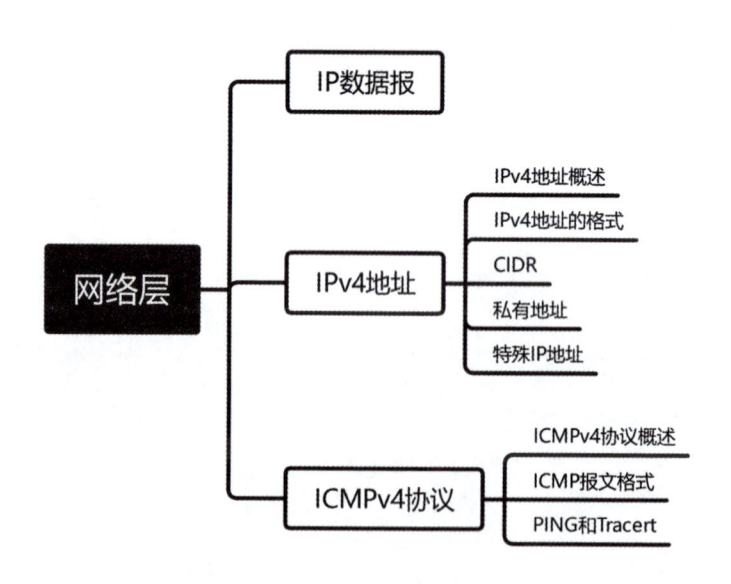

图 9-1 本章的架构

网络层知识点梳理及考点实练　第 9 章

【导读小贴士】

IP 数据报、IPv4 地址、ICMPv4 协议是网络层部分的关键知识，网络工程师要掌握 IP 数据报格式及字段含义、IPv4 地址分类与特性、ICMPv4 协议功能及应用，如 PING 和 Tracert 等，为网络规划、故障排查等工作打下基础。

9.1 IP 数据报考点梳理

【基础知识点】

IP 头部报文格式如图 9-2 所示。

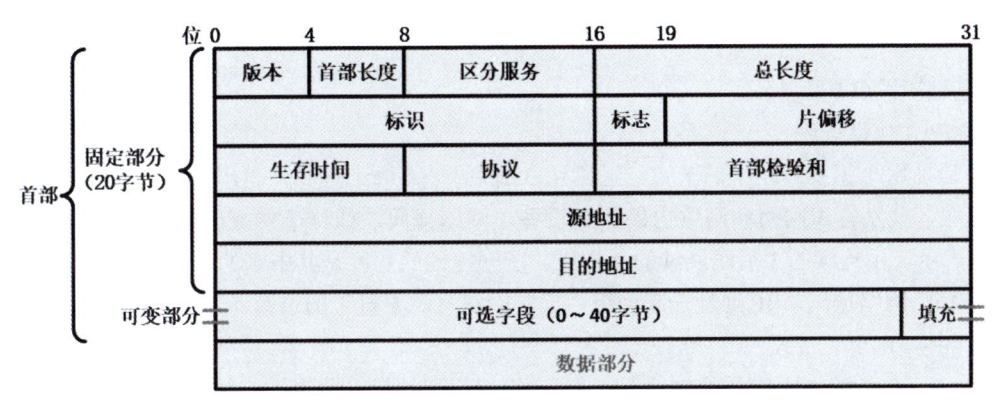

图 9-2　IP 头部报文格式

主要字段含义如下：

（1）首部长度：4 bit，如果不带 Option 字段，则为 20 字节，最长为 60 字节。IP 首部长度的单位是 32 位字长（4 字节）。4bit 可表示的长度范围是 0～15，但是 TCP/IP 规定最小值为 5，所以首部长度的范围就是（5～15）×4，即最少 20 字节，最多 60 字节。当 IP 分组的首部长度不是 4 字节的整数倍时，必须利用最后的填充字段加以填充。

（2）区分服务：8 bit，只有在使用区分服务时才起作用。

（3）总长度：16 bit，整个 IP 数据报的长度，包括首部和数据，单位为字节，最长 65535，总长度不超过最大传输单元（MTU）。

（4）标识：16 bit，每产生一个数据报，计数器加 1，作用于分片重组中。

（5）标志位：3 bit，IP Flags 字段格式如图 9-3 所示，字段含义如下。

1）Bit 0：保留位，必须为 0。

51

图 9-3　IP Flags 字段格式

2）Bit 1：DF（Don't Fragment），能否分片位，0 表示可以分片，1 表示不能分片。

3）Bit 2：MF（More Fragment），表示该报文是否为最后一片，0 表示最后一片，1 代表后面还有。

（6）片偏移（Fragment Offset，FO）：12bit，作用于分片重组中。表示较长的分组在分片后，某片在原分组中的相对位置。以 8 个字节为偏移单位。

（7）生存时间（Time to Live，TTL）：8bit。可经过的最多路由数，即数据包在网络中可通过的路由器数的最大值。一旦经过一个路由器，TTL 值就会减 1，当该字段值为 0 时，数据包将被丢弃。

（8）协议（Protocol）：8 bit，下一层协议。用于指明当前 IP 数据报所承载的上层协议类型，以便接收方正确解析和处理数据。

9.2　IPv4 地址考点梳理

【基础知识点】

1. IPv4 地址概述

IP 地址用于识别网络中的节点，通常用 32 位的"点分十进制"表示。它由网络部分和主机部分组成，分别标识网络和网络内的特定设备。网络掩码，或称子网掩码，也是 32 位，用点分十进制表示，由连续的 1 后跟连续的 0 构成。子网掩码的长度是其中 1 的个数，如 255.255.0.0 的长度为 16。网络掩码与 IP 地址一起使用，确定网络号和主机号的位数。

2. IPv4 地址的格式

A、B、C 三类地址是单播 IP 地址（除一些特殊地址外），只有这三类地址才能分配给主机接口使用。D 类地址属于组播 IP 地址，E 类地址用于研究。IP 地址分类如下：

（1）A 类：第一个字节最高位固定是 0，地址范围是 1.0.0.0 ～ 127.255.255.255。

（2）B 类：第一个字节最高位固定是 10，地址范围是 128.0.0.0 ～ 191.255.255.255。

（3）C 类：第一个字节最高位固定是 110，地址范围是 192.0.0.0 ～ 223.223.255.255。

（4）D 类：第一个字节最高位固定是 1110，地址范围是 224.0.0.0 ～ 239.255.255.255。

（5）E 类：第一个字节最高位固定是 1111，地址范围是 240.0.0.0 ～ 255.255.255.255。

3. CIDR

（1）无分类域间路由选择（CIDR）消除了传统的 A 类、B 类和 C 类地址以及划分子网的概念，可以更有效地分配 IPv4 的地址空间，但无法解决 IP 地址枯竭的问题。

（2）CIDR 记法：斜线记法。格式为 X.X.X.X/N。其中，二进制 IP 地址的前 N 位是网络前缀。例如，100.100.100.45/20，表示前 20 位是网络前缀。

（3）CIDR 地址块。CIDR 把网络前缀都相同的所有连续的 IP 地址组成一个 CIDR 地址块。

4. 私有地址

私有地址是指内部网络或主机地址，这些地址只能用于某个内部网络，不能用于公共网络。私有地址见表 9-1。

表 9-1 A、B、C 类私有地址

类别	范围
A 类	10.0.0.0 ～ 10.255.255.255
B 类	172.16.0.0 ～ 172.31.255.255
C 类	192.168.0.0 ～ 192.168.255.255

5. 特殊 IP 地址

IP 地址空间中，有一些特殊的 IP 地址，其含义和作用见表 9-2。

表 9-2 特殊 IP 地址

特殊 IP 地址	地址范围	含义
有限广播地址	255.255.255.255	源地址不可用作广播，但目的地址可以，仅限于本网络内。例如，DHCP DISCOVER 消息的源地址是 0.0.0.0，而目的地址是 255.255.255.255
任意地址	0.0.0.0	可作为源地址，不可作目的地址。例如，DHCP DISCOVER 的源地址是 0.0.0.0，目的地址是 255.255.255.255
环回地址	127.0.0.0/8	用作测试地址
本地链路地址	169.254.0.0/24	当主机自动获取 IP 地址失败后，可使用该网段中的某个地址进行临时通信，可用作源地址也可用作目的地址使用

9.3　ICMPv4 协议考点梳理

【基础知识点】

1. ICMPv4 协议概述

Internet 控制消息协议（ICMP）作为 IP 数据报中的数据，被封装在 IP 数据包中发送。ICMP 协议用来在网络设备间传递各种差错和控制信息，收集相应的网络信息、诊断和排除各种网络故障。

2. ICMP 报文格式

ICMP 报文格式如图 9-4 所示。

Type	Code	Checksum
ICMP的报文内容		

图 9-4 ICMP 报文格式

3. PING 和 Tracert

（1）因特网包探索器（Packet Internet Groper，PING）使用了 ICMP 回送请求与回送回答报文，用来测试两台主机之间的连通性。

（2）Tracert 基于报文头中的 TTL 值来逐跳跟踪报文的转发路径。Tracert 是检测网络丢包和时延的有效手段，可以帮助管理员发现网络中的路由环路。

9.4 考点实练

1．当站点收到"在数据包组装期间生存时间为 0"的 ICMP 报文，说明（   ）。
   A．回声请求没有得到响应
   B．IP 数据报目的网络不可达
   C．因为拥塞丢弃报文
   D．因 IP 数据报部分分片丢失，无法组装
答案：D

2．IP 数据报的分段和重装配要用到报文头部的报文 ID、数据长度、段偏置值和 M 标志等 4 个字段，其中（1）的作用是指示每一分段在原报文中的位置；若某个段是原报文最后一个分段，则其（2）值为"0"。
   （1）A．段偏置值   B．M 标志   C．报文 ID   D．数据长度
   （2）A．段偏置值   B．M 标志   C．报文 ID   D．数据长度
答案：（1）A （2）B

3．下列 IP 地址中，不能作为源地址的是（   ）。
   A．0.0.0.0   B．127.0.0.1
   C．190.255.255.255/24   D．192.168.0.1/24
答案：C

4．ICMP 差错报告报文格式中，除了类型、代码和校验和外，还需加上（   ）。
   A．时间戳以表明发出的时间
   B．出错报文的前 64 比特以便源主机定位出错报文
   C．子网掩码以确定所在局域网
   D．回声请求与响应以判定路径是否畅通
答案：B

第 10 章 网络层进阶知识点梳理及考点实练

10.0 章节考点分析

第 10 章主要学习网络层进阶部分，包括 IPv6、ICMPv6、IPv6 对 IPv4 的改进等。

根据考试大纲，本章知识点会涉及单项选择题及案例分析题，单项选择题预计分值 2～3 分。本章内容侧重于概念知识，多数参照教材。本章的架构如图 10-1 所示。

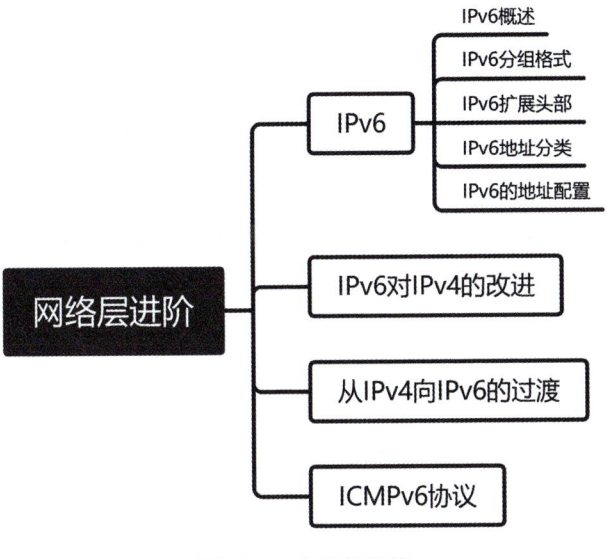

图 10-1 本章的架构

【导读小贴士】

IPv6 作为网络技术的重要发展方向，网络工程师要深入理解其地址体系、分组格式和扩展头部等特性，掌握地址配置及过渡技术，熟悉 ICMPv6 协议功能，如此方能为构建高效、安全且具扩展性的网络环境做好准备。

10.1　IPv6 考点梳理

【基础知识点】

1. IPv6 概述

（1）IPv6 地址总长度为 128 比特，以冒号分隔的 8 组 4 位十六进制数的形式表示，每组十六进制数表示为一个 4 位的二进制数。例如，地址 8000:0000:0000:0000:0123:4567:89AB:CDEF 可简写为 8000::123:4567:89AB:CDEF。其中，每个字段前面的 0 可以省略，如 0123 可以简写为 123，而一个或多个全 0 字段 0000 可以用一对冒号（只能出现一次）代替。

（2）IPv6 地址的格式前缀，用于表示地址类型或子网地址，用类似于 IPv4 CIDR 的方法可表示为"IPv6 地址 / 前缀长度"的形式，如 4321:0:0:CD30::/60。

2. IPv6 分组格式

IPv6 协议数据单元的通用格式如图 10-2（a）所示。整个 IPv6 分组由一个固定头部和若干个扩展头部以及上层协议的负载组成，IPv6 的固定头部如图 10-2（b）所示。

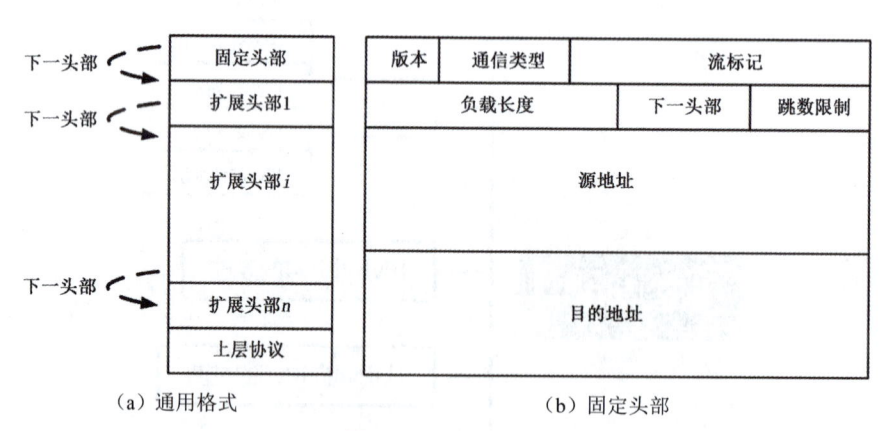

（a）通用格式　　　　　　　（b）固定头部

图 10-2　IPv6 分组

3. IPv6 扩展头部

（1）IPv6 有 6 种扩展头部，这 6 种扩展头部都是任选的。扩展头部的作用是保留 IPv4 某些字段的功能，但只能由特定的网络设备来检查处理，而不是每个设备都要处理，见表 10-1。

表 10-1　IPv6 的扩展头部

报头类型	下一头部的字段值	解释
逐跳选项	0	逐跳选项报头目前主要用于巨型载荷；用于设备提示；使设备检查该选项的信息，而不是简单地转发出去；用于资源预留（RSVP）
目的选项	60	选项中的信息由目标节点检查处理，目的选项报文头主要应用于移动 IPv6
路由	43	该报头能够被 IPv6 源节点用来强制数据包经过特定的设备
分段	44	分段发送使用分段报头
认证	51	该报头由 IPSec 使用，提供认证、数据完整性以及重放保护，保护 IPv6 基本报头中的字段
封装安全净载	50	该报头由 IPSec 使用，提供认证、数据完整性以及重放保护和 IPv6 数据报的保密，类似于认证报头

（2）IPv6 扩展报头出现的顺序。

1）如果一个 IPv6 分组包含了多个扩展头部，报头必须按照 IPv6 基本报头、逐跳选项扩展、目的选项扩展、路由、分段、认证、封装安全净载报头、目的选项和上层协议数据报文的顺序出现。

2）路由设备转发时根据基本报头中 Next Header 值来决定是否要处理扩展头，并不是所有的扩展报头都需要被转发路由设备查看和处理的。

3）除了目的选项扩展报头可能出现一次或两次（一次在路由报头之前，另一次在上层协议数据报文之前），其余扩展报头只能出现一次。

4. IPv6 地址分类

（1）单播地址。目前常用的单播地址有：未指定地址、环回地址、全球单播地址、链路本地地址、唯一本地地址。

1）未指定地址。IPv6 中的未指定地址即 0:0:0:0:0:0:0:0/128 或者 ::/128。该地址表示某个接口或者节点还没有 IP 地址。未指定地址可以作为某些报文的源 IP 地址，不能用作目标地址，也不能用于 IPv6 路由头中。

2）环回地址。IPv6 中的环回地址即 0:0:0:0:0:0:0:1/128 或者 ::1/128。环回与 IPv4 中的 127.0.0.1 作用相同，主要用于设备给自己发送报文。该地址通常用来作为一个虚接口的地址（如 Loopback 接口）。实际发送的数据包中不能使用环回地址作为源 IP 地址或者目的 IP 地址。

3）全球单播地址。全球单播地址是带有全球单播前缀的 IPv6 地址，其作用类似于 IPv4 中的公网地址。全球单播地址由全球路由前缀（全球路由前缀至少为 48 位，目前已经分配的全球路由前缀的前 3bit 为 001）、子网 ID（子网 ID 和 IPv4 中的子网号作用相似）和接口标识（用来标识一个设备）组成。

4）链路本地地址。

- 链路本地地址只能在连接到同一本地链路的节点之间使用，它使用特定的本地链路前缀 FE80::/10（前 10 位为 1111111010），同时将接口标识添加在后面作为地址的低 64 比特。
- 当一个节点启动 IPv6 协议栈时，启动时节点的每个接口会自动配置一个链路本地地址（其固定的前缀 EUI-64 规则形成的接口标识）。
- 两个连接到同一链路的 IPv6 节点不需要配置就可以通信，广泛应用于邻居发现、无状态地址配置等应用。以链路本地地址为源地址或目的地址的 IPv6 报文不会被路由设备转发到其他链路。

5）唯一本地地址。唯一本地地址仅能在一个站点内使用，唯一本地地址的作用类似于 IPv4 中的私有地址，任何没有申请到提供商分配的全球单播地址的组织机构都可以使用唯一本地地址。唯一本地地址只能在本地网络内部被路由转发而不会在全球网络中被路由转发。前缀固定为 FC00::/7。

（2）任意播地址。

1）任意播地址是一种特殊的 IP 地址，用于标识一组接口（可能来自不同的节点）。当发送到任意播地址的数据包被路由时，它们将被发送到该地址标识的接口之一，通常选择的是路由距离最近的接口。

2）任意播地址设计用来在给多个主机或者节点提供相同服务时提供冗余功能和负载分担功能，如 DNS 等。任意播地址和单播地址使用相同的地址空间，目前 IPv6 中任意播主要应用于移动 IPv6。

3）任意播地址不能用作源地址，而只能作为目标地址；任意播地址不能指定给 IPv6 主机，只能指定给 IPv6 路由器。

（3）组播地址。IPv6 的组播与 IPv4 相同，用来标识一组接口，一般这些接口属于不同的节点。一个节点可能属于 0 或者多个组播组。发往组播地址的报文被组播地址标识的所有接口接收。例如，组播地址 FF02::1 表示链路本地范围的所有节点，组播地址 FF02::2 表示链路本地范围的所有路由器。IPv6 组播地址的前缀是 FF00::/8。

5. IPv6 的地址配置

IPv6 有两种自动配置功能，一种是"全状态自动配置"，另一种是"无状态自动配置"。

（1）IPv4 使用 DHCP 自动配置 IP 地址。IPv6 保留了这一功能，称为全状态自动配置。

（2）IPv6 地址支持无状态自动配置，允许主机自行生成地址。路由器发现是自动配置的基础，通过以下两种报文实现：

1）路由器通告（Router Advertisement，RA）报文：每台设备为了让二层网络上的主机和设备知道自己的存在，会定时组播发送 RA 报文，RA 报文中会带有网络前缀信息，及其他一些标志位信息。RA 报文的 Type 字段值为 134。

2）路由器请求（Router Solicitation，RS）报文：很多情况下主机接入网络后希望尽快获取网络前缀进行通信，此时主机可以发送 RS 报文，网络上的设备将回应 RA 报文。RS 报文的 Type 字段值为 133。

（3）无状态自动配置即自动生成链路本地地址，主机根据 RA 报文的前缀信息，自动配置全球单播地址等，并获得其他相关信息。无状态自动配置过程如下：

- 根据接口标识产生链路本地地址。
- 发出邻居请求，进行重复地址检测，如地址冲突，则停止自动配置，需要手工配置。
- 如不冲突，链路本地地址生效，节点具备本地链路通信能力。
- 主机会发送 RS 报文（或接收到设备定期发送的 RA 报文）。
- 根据 RA 报文中的前缀信息和接口标识得到 IPv6 地址。

10.2 IPv6 对 IPv4 的改进考点梳理

与 IPv4 相比，IPv6 有下列改进：

（1）IPv6 使用 128 位地址，理论上可提供几乎无限数量的地址。IPv6 的庞大地址空间便于实现层次化网络部署，这简化了路由聚合并提升了路由效率。

（2）与 IPv4 相比，IPv6 简化了报文头设计，移除了多个字段，仅添加了流标签域，从而提升了处理效率。IPv6 还引入了扩展头概念，允许在不改变现有结构的情况下添加新选项，具有高度的灵活性。

（3）IPv6 协议支持地址自动配置，简化了网络管理和主机地址获取过程。

（4）IPv6 中，网络层支持 IPSec 的认证和加密，支持端到端的安全。

（5）IPv6 新增了流标记域，提供 QoS 保证。

（6）IPv6 协议必须支持移动性，与 IPv4 不同，它通过邻居发现功能直接发现外地网络并获取转交地址，无须外地代理。它还使用路由和目的地址扩展头，使移动节点与对等节点能直接通信，解决了 IPv4 的三角路由和源地址过滤问题，提高了移动通信效率，并对应用层保持透明。

10.3 从 IPv4 向 IPv6 的过渡考点梳理

【基础知识点】

（1）目前提出的过渡技术可以归纳为以下 3 种：

1）隧道技术：解决 IPv6 节点之间通过 IPv4 网络进行通信的问题。

2）协议翻译技术：使得纯 IPv6 主机与纯 IPv4 主机之间进行通信。

3）双协议栈技术：使得 IPv4 和 IPv6 可以共存于同一设备和同一网络中。

（2）6to4 固定地址格式：2002::/16 即必须是 2002 开头格式。

（3）ISATAP 固定地址格式：3003:1:2:3:0000:5EFE:0909:0909 对应 IPv4：9.9.9.9，其中 0000:5EFE 为固定部分，0909:0909 对应 IPv4 地址 9.9.9.9。

10.4　ICMPv6 协议考点梳理

ICMPv6 协议用于报告 IPv6 节点处理数据包时的错误，并提供网络诊断功能。它取代了 ARP 协议，实现地址解析。此外，ICMPv6 支持 IPv6 的路由优化、组播和移动 IP，增加了新的报文类型。

10.5　考点实练

1. 在从 IPv4 向 IPv6 过渡期间，为了解决 IPv6 主机之间通过 IPv4 网络进行通信的问题，需要采用（1），为了使得纯 IPv6 主机能够与纯 IPv4 主机通信，必须使用（2）。

　　（1）A．双协议栈技术　　　　　　B．隧道技术
　　　　 C．多协议栈技术　　　　　　D．协议翻译技术
　　（2）A．双协议栈技术　　　　　　B．隧道技术
　　　　 C．多协议栈技术　　　　　　D．协议翻译技术

答案：(1) B　(2) D

2. IPv6 协议数据单元由一个固定头部和若干个扩展头部以及上层协议提供的负载组成。如果有多个扩展头部，第一个扩展头部为（　　）。

　　A．逐跳头部　　B．路由选择头部　　C．分段头部　　D．认证头部

答案：A

3. IPv6 链路本地单播地址的前缀为（1），可聚集全球单播地址的前缀为（2）。

　　（1）A．001　　B．1111 1110 10　　C．1111 1110 11　　D．1111 1111
　　（2）A．001　　B．1111 1110 10　　C．1111 1110 11　　D．1111 1111

答案：(1) B　(2) A

4. 以下关于在 IPv6 中任意播地址的叙述中，错误的是（　　）。

　　A．只能指定给 IPv6 路由器　　　　B．可以用作目标地址
　　C．可以用作源地址　　　　　　　　D．代表一组接口的标识符

答案：C

5. 以下关于 IPv6 的论述中，正确的是（　　）。

　　A．IPv6 数据包的首部比 IPv4 复杂
　　B．IPv6 的地址分为单播、广播和任意播 3 种
　　C．IPv6 地址长度为 128 比特
　　D．每个主机拥有唯一的 IPv6 地址

答案：C

6．在无状态自动配置过程中，主机会发送（　　）报文来获取 IPv6 地址的相关信息。

　　A．RS 报文　　　　B．RA 报文　　　　C．NS 报文　　　　D．NA 报文

答案：A

7．与 IPv4 的 127.0.0.1 作用类似的 IPv6 地址是（　　）。

　　A．0:0:0:0:0:0:0:0/128　　　　　　B．0:0:0:0:0:0:0:1/128

　　C．0:0:0:0:0:0:1:0/128　　　　　　D．0:0:0:0:0:1:0:0/128

答案：B

第 11 章
网络接口层知识点梳理及考点实练

11.0 章节考点分析

第 11 章主要学习网络接口层部分，包括 HDLC 协议、PPP 协议和 PPPoE 协议等。

根据考试大纲，本章知识点会涉及单项选择题，单项选择题预计分值 2~3 分。本章内容侧重于概念知识，多数参照教材。本章的架构如图 11-1 所示。

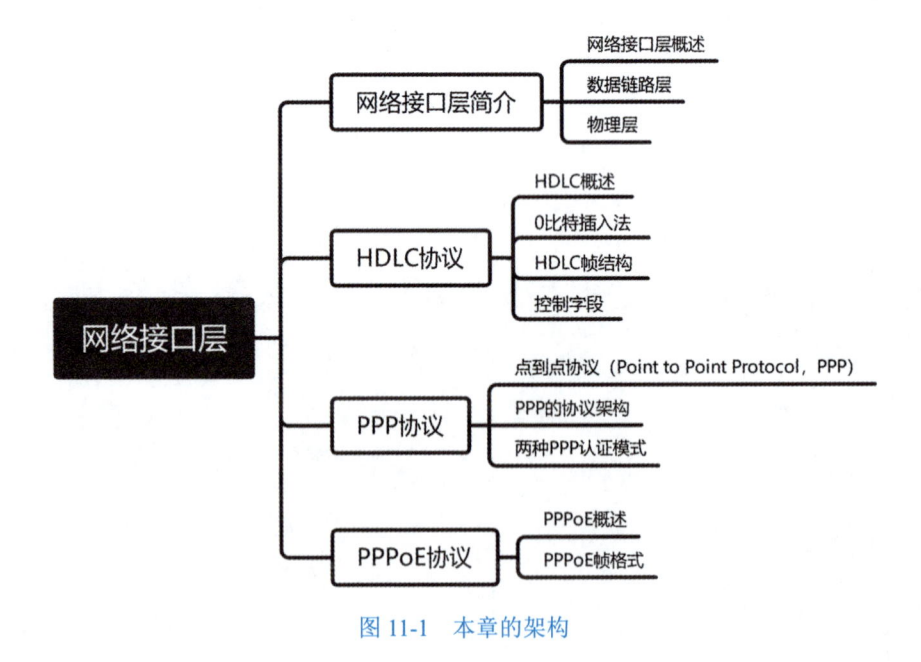

图 11-1 本章的架构

第 11 章　网络接口层知识点梳理及考点实练

【导读小贴士】

网络接口层是网络体系的底层基石，网络工程师应熟知其数据链路与物理层职能，掌握 HDLC 协议特性、PPP 协议架构及认证机制、PPPoE 协议要点，以此保障网络数据在物理链路的精准传输与有效控制，为网络构建与运维夯实根基。

11.1　网络接口层简介考点梳理

【基础知识点】

1. 网络接口层概述

网络接口层是计算机网络体系结构中的最底层，负责在物理网络上传输原始数据。它处理与物理硬件相关的细节，确保数据能够正确地从一个设备传输到另一个设备。网络接口层主要关注的是数据链路层和物理层的功能，包括数据的封装、帧同步、错误检测和纠正、物理地址寻址以及介质访问控制等。这一层为上层协议提供了无差错的物理连接，使得数据能够在网络中可靠地传输。

2. 数据链路层

数据链路层位于网络层与物理层之间，负责将比特打包成帧，并确保帧在链路上的点对点传输，同时执行差错和流量控制。该层的协议包括以太网、HDLC、PPP 和 PPPoE。数据链路层的协议数据单元是帧（Frame）。

3. 物理层

物理层主要是在链路上透明地传输比特，定义了建立、维护和拆除物理链路所具备的机械特性、电气特性、功能特性以及规程特性。物理层的协议数据单元是比特（bit）。

11.2　HDLC 协议考点梳理

【基础知识点】

1. HDLC 概述

高级数据链路控制（High Level Data Link Control，HDLC）协议是面向比特的同步链路控制协议。HDLC 只支持同步传输。HDLC 既适用于半双工线路，也适用于全双工线路。主要利用"0 比特插入法"来实现数据的透明传输，通过硬件实现。

2. 0 比特插入法

HDLC 使用特定的位序列 01111110 来标识帧的开始和结束。在传输数据时，为了避免混淆，当数据中出现连续 5 个 1 后跟一个 0 时，会在第 7 位插入一个 0 进行位填充。接收端在检测到连续 5 个 1 后，会根据第 7 位是否为 0 来决定是否删除该位，或者根据第 7 和第 8 位的组合来识别帧结束或停止信号。

3. HDLC 帧结构

HDLC 帧由 6 个字段组成。包括标志字段（F）、地址字段（A）、控制字段（C）、信息字段（I）、帧校验序列字段（FCS），如图 11-2 所示。

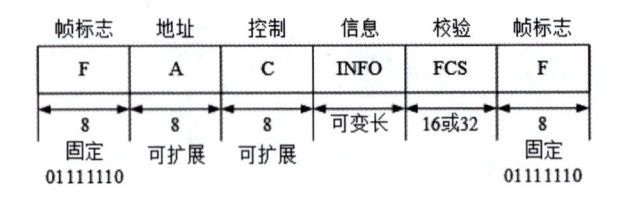

帧标志	地址	控制	信息	校验	帧标志
F	A	C	INFO	FCS	F
8	8	8	可变长	16或32	8
固定 01111110	可扩展	可扩展			固定 01111110

图 11-2 HDCL 帧结构

4. 控制字段

（1）根据控制字段的格式来定义区分 HDLC 的 3 种帧，具体如下：

1）信息帧（I 帧）：承载着要传送的数据，此外还捎带着流量控制和差错控制的应答信号。

2）监控帧（S 帧）：用于提供 ARQ 控制信息，当不使用捎带机制时要用管理帧控制传输过程。

3）无编号帧（U 帧）：提供建立、释放等链路控制功能，以及少量信息的无连接传送功能。

控制字段第 1 位或前两位用于区别 3 种不同格式的帧，见表 11-1。

表 11-1 HDLC 控制字段 3 种帧

位编号	1	2	3	4	5	6	7	8
信息帧（I 帧）	0	N（S）			P/F	N（R）		
监控帧（S 帧）	1	0	S1	S2	P/F	N（R）		
无编号帧（U 帧）	1	0	M1	M2	P/F	M3	M4	M5

（2）监控帧（S 帧）不带信息字段（只有 I 帧和某些无编号帧含有信息字段），它的第 3 位（S1）、第 4 位（S2）为 S 帧类型编码，共有 4 种不同的编码，见表 11-2。

表 11-2 监控帧（S 帧）的 4 种类型

S1S2	帧名	作用
00	接收就绪（RR）	准备好接收 N(R) 帧，确认 N(R) 以前各帧
01	拒绝（REJ）	否认 N(R) 起的各帧，要求对方从 N(R) 开始全部重发，同时表明确认 N(R) 以前各帧

续表

S1S2	帧名	作用
10	接收未就绪（RNR）	确认 N(R) 以前各帧，但还未准备好接收下一帧 N(R)，要求对方暂停发送
11	选择拒绝（SREJ）	只否认 N(R) 一帧（要求对方选择重发），同时表明确认 N(R) 以前各帧

11.3　PPP 协议考点梳理

【基础知识点】

1. 点到点协议（Point to Point Protocol，PPP）

PPP 是面向字节的数据链路层协议，用于点对点全双工链路的数据封装。它采用字节填充技术，确保所有帧长度为字节的整数倍，且仅支持点对点网络结构。

2. PPP 的协议架构

（1）链路控制协议（Link Control Protocol，LCP）：定义建立、协商和测试数据链路层连接的方法。LCP 中配置参数有最大接收单元（Maximum Receive Unit，MRU）、认证协议和魔术字。MRU 参数使用接口上配置的 MTU 值来表示；PPP 认证协议有 PAP 和 CHAP；LCP 使用魔术字来检测链路环路和其他异常情况。

（2）网络控制协议（Network Control Protocol，NCP）：包含一组协议，用于建立连接和协商不同网络层的参数。NCP 负责建立连接和协商不同网络层协议的参数。其中，IPCP 是 NCP 针对 IP 协议的一种具体协议，专门用于协商控制 IP 相关参数。

（3）PPP 扩展协议族：主要用来提供对 PPP 功能的进一步支持。

3. 两种 PPP 认证模式

PPP 提供了密码认证协议（Password Authentication Protocol，PAP）和挑战握手认证协议（Challenge Handshake Authentication Protocol，CHAP）两种认证模式。

（1）PAP。PAP 认证是两次握手，密码以明文方式在链路上发送，被认证方将配置的用户名和密码信息用 Authenticate-Request 报文以明文方式发送给认证方。PAP 认证过程如图 11-3 所示。

（2）CHAP。CHAP 认证通过三次握手过程，以加密形式发送认证信息，由认证方主动发起请求。CHAP 认证过程（图 11-4）如下：

- 认证方向被认证方发送 Challenge 报文，收到 Challenge 报文（随机数和 ID）之后，进行加密运算，将 ID、随机数和密码三部分连成字符串，对此字符串做 MD5 运算，得到一个 16 Byte 长的摘要信息，然后将此摘要信息和端口上配置的 CHAP 用户名一起封装在 Response 报文中发回认证方。
- 认证方接收到被认证方发送的 Response 报文之后，找到用户名对应的密码信息，获得密码信息之后，进行一次加密运算，然后将加密运算得到的摘要信息和 Response 报文中封装的摘要信息做比较，相同则认证成功。

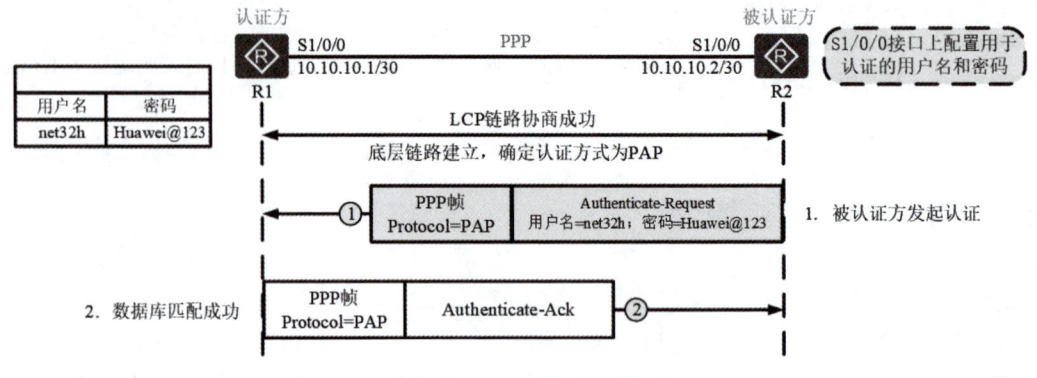

图 11-3 PAP 认证过程

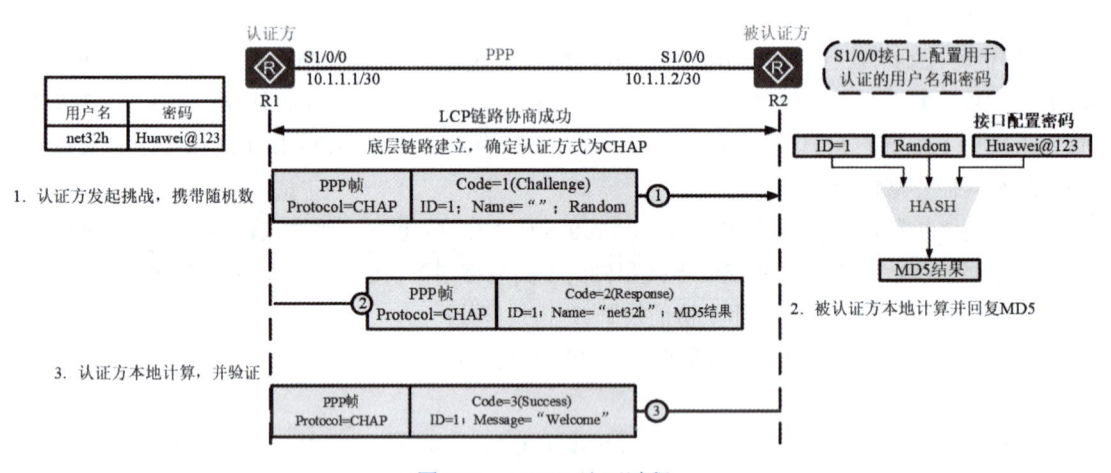

图 11-4 CHAP 认证过程

11.4 PPPoE 协议考点梳理

【基础知识点】

1. PPPoE 概述

以太网承载 PPP 协议（PPP over Ethernet，PPPoE）是一种把 PPP 帧封装到以太网帧中的协议。PPPoE 可以使多台主机连接到远端的宽带接入服务器。PPPoE 具有组网灵活的优势，PPPoE 可以利用 PPP 协议实现认证、计费。

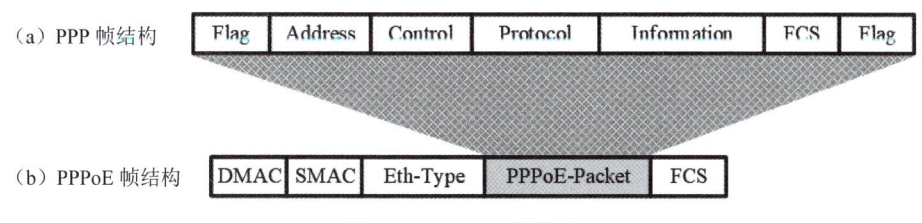

2. PPPoE 帧格式

PPPoE 帧格式如图 11-5 所示。

（a）PPP 帧结构　| Flag | Address | Control | Protocol | Information | FCS | Flag |

（b）PPPoE 帧结构　| DMAC | SMAC | Eth-Type | PPPoE-Packet | FCS |

图 11-5　PPPoE 帧格式

11.5　考点实练

1. 以下关于 HDLC 协议的说法中，错误的是（　　）。
   A．HDLC 是一种面向比特计数的同步链路控制协议
   B．应答 RNR5 表明编号为 4 之前的帧均正确，接收站忙暂停接收下一帧
   C．信息帧仅能承载用户数据，一般不作他用
   D．传输的过程中采用无编号帧进行链路的控制

   答案：B

2. 采用 HDLC 协议进行数据传输，帧 0-7 循环编号，当发送站发送了编号为 0、1、2、3、4 的 5 帧时，若收到的对方应答帧为 REJ3，此时发送站应发送的后续 3 帧为（1）。若收到的对方应答帧为 SREJ3，则发送站应发送的后续 3 帧为（2）。

   （1）A．2、3、4　　B．3、4、5　　C．3、5、6　　D．5、6、7
   （2）A．2、3、4　　B．3、4、5　　C．3、5、6　　D．5、6、7

   答案：（1）B　（2）C

3. 在 HDLC 协议中，帧的编号和应答号存放在（　　）字段中。
   A．标志　　　　B．地址　　　　C．控制　　　　D．数据

   答案：C

4. 当接收端要检查 HDLC 帧在传输过程中是否出错时，主要检查（　　）字段。
   A．帧校验序列字段（FCS）　　　　B．控制字段（C）
   C．信息字段（I）　　　　　　　　D．地址字段（A）

   答案：A

第 12 章

广域网和宽带接入技术知识点梳理及考点实练

12.0 章节考点分析

第 12 章主要学习广域网部分，包括 SDH、VPN 及宽带接入技术等。

根据考试大纲，本章知识点会涉及单项选择题，预计分值 1～2 分。本章内容侧重于概念知识，多数参照教材。本章的架构如图 12-1 所示。

```
                          ┌─ 广域网基本概念
                          │
                          │                  ┌─ SDH
                          │                  ├─ MSTP
广域网和宽带接入技术 ─────┼─ 广域网互连技术 ─┼─ 传统VPN技术
                          │                  └─ MPLS VPN技术
                          │
                          │                  ┌─ ADSL
                          └─ 宽带接入技术 ───┼─ 光纤同轴混合网
                                             └─ 无源光网络（Passive Optical Network，PON）
```

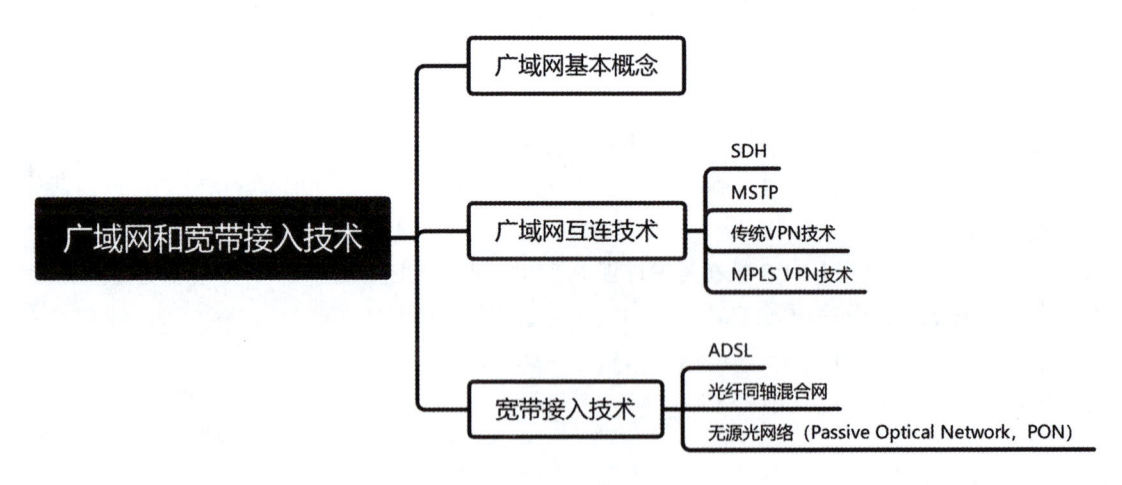

图 12-1 本章的架构

【导读小贴士】

广域网相关知识是网络工程师必备知识，考生要理解广域网的基本概念，掌握广域网互联技术，如 SDH、MSTP、VPN 技术，熟悉宽带接入技术，包括 ADSL、HFC、PON 等，这些知识有助于构建和维护广域网络连接。

12.1 广域网基本概念考点梳理

【基础知识点】

广域网是通信公司建立的网络，覆盖的地理范围大，可以跨越国界，到达世界的任何地方。通信公司把它的网络分次（拨号线路）或分块（租用专线）出租给用户以收取服务费用。计算机联网时，如果距离遥远，需要通过广域网进行转接。

12.2 广域网互联技术考点梳理

【基础知识点】

1. SDH

（1）SDH 采用的信息结构等级称为同步传送模块 STM-N（N=1，4，16，64），最基本的模块为 STM-1，4 个 STM-1 同步复用构成 STM-4，16 个 STM-1 或 4 个 STM-4 同步复用构成 STM-16。STM-1 的传输速率为 155.520Mb/s，而 STM-4 的传输速率为 4×STM-1=622.080Mb/s，STM-16 的传输速率为 16×STM-1=2488.320Mb/s，以此类推。SDH 同时也可以提供 E1、E3 等传统传输速率服务。

（2）SDH 是主要的广域网互联技术，利用运营商的 SDH 网络实现互联，可以采用 IP OVER SDH 和 PDH 兼容方式。

2. MSTP

基于 SDH 的多业务传送平台（MSTP）是基于 SDH 平台同时实现 TDM、ATM、以太网等业务的接入、处理和传送，提供统一网管的多业务节点。

3. 传统 VPN 技术

传统 VPN 技术主要是基于实现数据安全传输的协议来完成，包括二层和三层的安全传输协议。二层的安全传输协议包括 PPTP 和 L2TP，三层的安全传输协议包括 IPSec 和 GRE。

4. MPLS VPN 技术

（1）MPLS 技术旨在提升路由器转发效率，通过标签交换简化路由运算。它通过在 IP 数据包上添加 32 位 MPLS 头部来实现。MPLS VPN 利用 MPLS 技术应用于网络设备，简化核心路由器的路由选择。

（2）一个典型的 MPLS VPN 承载平台上的设备主要由各类路由器组成，这些路由器在 MPLS VPN 平台中的角色各不相同，分别被称为 P 设备、PE 设备和 CE 设备。

1）P 路由器是 MPLS 核心网中的路由器，这些路由器只负责依据 MPLS 标签完成数据包的高速转发。

2）PE 路由器是 MPLS 核心网上的边缘路由器，与用户的 CE 路由器互连，PE 设备负责待传送数据包的 MPLS 标签的生成和弹出，负责将数据包按标签发送给 P 路由器或接收来自 P 路由器的包含标签的数据包，PE 路由器还将发起根据路由建立交换标签的动作。

3）CE 路由器是直接与电信运营商相连的用户端路由器，该设备上不存在任何带有标签的数据包，CE 路由器将用户网络的信息发送给 PE 路由器，以便于在 MPLS 平台上进行路由信息的处理。

12.3 宽带接入技术考点梳理

【基础知识点】

1. ADSL

采用 DMT（离散多音调）技术依据不同的信噪比为子信道分配不同的数据速率。采用回声抵消技术允许上下行信道同时双向传输。ADSL 采用频分多路复用技术分别为上下行信道分配不同带宽，从而获取上下行不对称的数据速率。

2. 光纤同轴混合网

光纤同轴混合网（HFC）是指利用混合光纤同轴网络来进行宽带数据通信的 CATV（有线电视）网络。HFC 主干系统使用光纤，采取频分复用方式传输多种信息。光纤同轴混合网由干线光纤、支线同轴电缆、用户配线三部分组成。光纤干线采用星型拓扑结构。同轴支线采用树型拓扑结构。用户端需要用 Cable Modem。电信局端用 CMTS，CMTS 是管理控制 Cable Modem 的设备。

3. 无源光网络（Passive Optical Network，PON）

（1）PON 由光线路终端（OLT）、光分配网络（ODN）和光网络单元（ONU）组成，采用树型拓扑结构。采用点到多点模式，其下行采用广播方式、上行采用时分多址方式。

（2）ODN 全部采用无源光器件组成，避免了有源设备的电磁干扰和雷电影响，减少了线路和外部设备的故障率，提高了系统可靠性。

（3）PON 的种类常见的有以下两种：

1）EPON：可以支持 1.25Gb/s 对称速率，将以太网与 PON 技术完美结合。

2）GPON：其技术特色是二层采用 ITU-T 定义的通用成帧规程（Generic Framing Procedure，GFP）对 Ethernet、TDM、ATM 等多种业务进行封装映射，能提供 1.25Gb/s、2.5Gb/s 下行速率

和所有标准的上行速率。

12.4 考点实练

1．HFC 网络中，从运营商到小区采用的接入介质是（1），小区入户采用的接入介质为（2）。

（1）A．双绞线　　　B．红外线　　　C．同轴电缆　　　D．光纤
（2）A．双绞线　　　B．红外线　　　C．同轴电缆　　　D．光纤

答案：（1）D　（2）C

2．在 HFC 网络中，Internet 接入采用的复用技术是（1），其中下行信道数据不包括（2）。

（1）A．FDM　　　B．TDM　　　C．CDM　　　D．STDM
（2）A．时隙请求　B．时隙授权　C．电视信号数据　D．应用数据

答案：（1）D　（2）A

3．以下关于 ADSL 的叙述中，错误的是（　　）。

A．采用 DMT 技术依据不同的信噪比为子信道分配不同的数据速率
B．采用回声抵消技术允许上下行信道同时双向传输数据
C．通过授权时隙获取信道的使用
D．通过不同带宽提供上下行不对称的数据速率

答案：C

第 13 章

无线通信网知识点梳理及考点实练

13.0　章节考点分析

第 13 章主要学习无线通信技术，包括移动通信和无线局域网等。

根据考试大纲，本章知识点会涉及单项选择题，预计分值 1~2 分。本章内容侧重于概念知识，多数参照教材。本章的架构如图 13-1 所示。

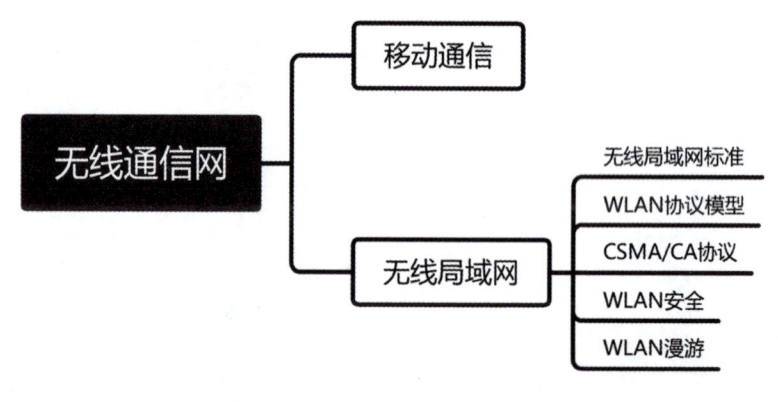

图 13-1　本章的架构

【导读小贴士】

移动通信与无线局域网是现代网络技术的重要分支，网络工程师需深入探究 5G 特性及关键技术，全面掌握无线局域网的 IEEE 802.11 标准、协议模型、CSMA/CA 协议、安全与漫游知识，以此构建稳固高效的移动与无线局域网络体系，为用户提供优质的网络服务。

13.1 移动通信考点梳理

【基础知识点】

5G 技术以其高速率、低延迟和大规模连接的特性，成为新一代移动通信技术，支持人、机、物的互联。与 4G 相比，5G 能实现更低的端到端延迟和更高的可靠性。关键技术涵盖了超密集异构无线网络、大规模 MIMO、毫米波通信、软件定义网络和网络功能虚拟化等。2019 年 6 月 6 日，中国工信部向四家运营商发放 5G 商用牌照，中国 5G 正式商用。

13.2 无线局域网考点梳理

【基础知识点】

1. 无线局域网标准

无线局域网 IEEE 802.11 标准，见表 13-1。

表 13-1 无线局域网 IEEE 802.11 标准

标准	别名	工作频段	最高数据速率
802.11b	Wi-Fi 1	2.4GHz，与 802.11g 互通	11Mb/s
802.11a	Wi-Fi 2	5GHz，与 802.b/g 不兼容	54Mb/s
802.11g	Wi-Fi 3	2.4GHz	54Mb/s
802.11n	Wi-Fi 4	2.4/5GHz，兼容 802.11a/b/g	600Mb/s
802.11ac	Wi-Fi 5	5GHz	7Gb/s
802.11ax	Wi-Fi 6	2.4/5GHz	9.6Gb/s
802.11be	Wi-Fi 7	2.4/5/6GHz	23Gb/s

2. WLAN 协议模型

WLAN 协议模型如图 13-2 所示。

<table>
<tr><td rowspan="2">数据链路层</td><td>LLC</td><td></td><td rowspan="4">站管理</td></tr>
<tr><td>MAC</td><td>MAC管理</td></tr>
<tr><td rowspan="2">物理层PHY</td><td>PLCP</td><td rowspan="2">PHY管理</td></tr>
<tr><td>PMD</td></tr>
</table>

图 13-2 WLAN 协议模型

（1）物理层。

1）IEEE 802.11 定义 3 种 PLCP 帧来对应 3 种不同的 PMD 子层通信技术，分别是 FHSS（跳频扩频技术）、DSSS（直接序列扩频技术）、DFIR（扩散红外技术）。

2）2.4GHz 无线网络将频段分为 13 个信道，每个信道中心频率间隔 5MHz，信道带宽为 22MHz。由于信道间存在重叠，仅 1、6、11 号信道可避免干扰。

补充：在中国，5.8GHz 频段包含 5 个非重叠信道：149、153、157、161 和 165。

（2）MAC 子层。MAC 子层的功能是提供访问控制机制，MAC 子层通过随机访问与轮询访问两类机制解决共享信道竞争问题。

（3）IEEE 802.11 使用 CSMA/CA 协议，避免了 CSMA/CD 因为无线网络中信号接收弱，检测碰撞成本高，且存在隐蔽终端和暴露站问题。CSMA/CA 旨在减少碰撞，同时结合停止等待协议使用。隐蔽终端和暴露站如图 13-3 所示。

1）图 13-3（a）显示站点 A 和 C 试图与 B 通信，但由于距离较远，它们无法互相听到。当 A 和 C 发现信道空闲时，它们同时向 B 发送数据，导致数据碰撞。这种无法检测到其他站点信号的情况称为隐蔽站问题，即使有障碍物也会发生。

2）图 13-3（b）中，站点 B 向 A 发送数据时，C 想与 D 通信，但检测到信道忙，误以为不能发送。实际上，B 向 A 发送数据不会干扰 C 向 D 发送数据。这种情况称为暴露站问题。在无线局域网中，多个移动站可以在不干扰的情况下同时通信。

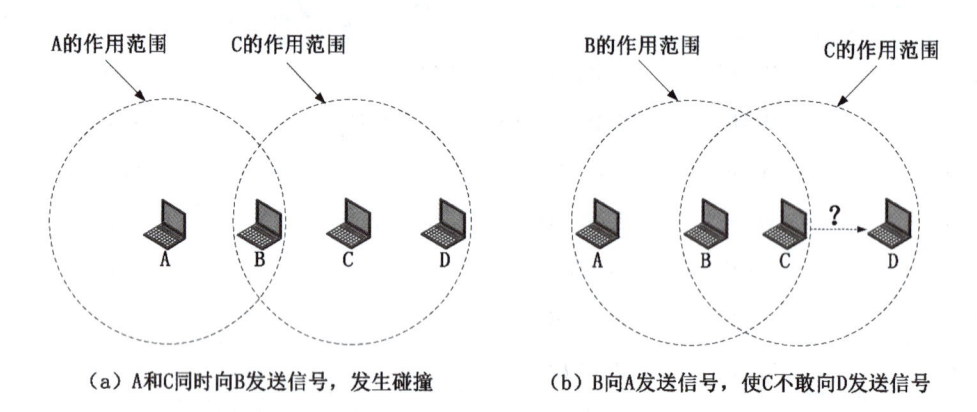

图 13-3　隐蔽终端和暴露站

3. CSMA/CA 协议

载波监听多路访问/冲突避免（CSMA/CA）协议用于无线局域网，其冲突避免技术可解决隐蔽终端问题。IEEE 802.11 标准规定了帧间隔时间和后退计数器，后者初始值随机，递减至 0。载波监听多路访问/冲突避免（CSMA/CA）基本过程如下：

（1）如果一个站有数据要发送并且监听到信道忙，则产生一个随机数设置自己的后退计数器并坚持监听。

（2）听到信道空闲后等待 IFS 时间，然后开始计数。最先计数完的站开始发送。

（3）其他站在听到有新的站开始发送后暂停计数，在新的站发送完成后再等待一个 IFS 时间继续计数，直到计数完成开始发送。

4. WLAN 安全

在无线局域网中可以采取的安全措施有 SSID 访问控制、物理地址过滤、WEP/WPA/WPA2 和 IEEE 802.11i 等。

（1）SSID 访问控制：个性化设置 SSID，也可以隐藏 SSID。

（2）物理地址过滤：设置 MAC 地址列表，用于实现物理地址过滤功能。

（3）有线等效保密协议（WEP）：作为 IEEE 802.11 标准的一部分。WEP 使用 RC4 协议进行加密，RC4 是一种流加密技术。使用 CRC-32 校验保证数据的正确性。密钥长度 64 位或 128 位，存在被破译的安全风险。

（4）WPA 是早期的无线安全协议，后来被 IEEE 802.11i 标准取代。它包括认证、加密和数据完整性校验三个部分。WPA 通过 802.1x 对用户 MAC 地址进行认证，使用更长的密钥和初始向量进行 RC4 加密，并采用 TKIP 协议加强数据保护。此外，它利用报文完整性编码来检测伪造数据包，并通过帧计数器防止重放攻击。

（5）WPA2 采用 CCMP 来代替 TKIP，采用 AES 加密算法。

（6）IEEE 802.11i 三个方面的安全部件包括：

1）TKIP：使用 RC4 加密算法，需升级固件和驱动程序来实现。

2）CCMP：使用 AES 加密和 CCM 认证，硬件要求高，需要更换硬件来实现。

3）WARP：使用 AES 加密和 OCB 加密，已被 CCMP 替代。

除此之外，预共享密钥 PSK 适用于小型办公室和家庭应用，可以省去 802.1x 认证和密钥交换过程。

5. WLAN 漫游

（1）WLAN 漫游是 STA 在不同 AP 覆盖范围之间移动且保持用户业务不中断的行为。其中 STA 在 WLAN 中一般为客户端或者叫终端，可以是装有无线网卡的计算机，也可以是有 Wi-Fi 模块的智能手机。

（2）实现 WLAN 漫游的两个 AP 必须使用相同的 SSID 和安全模板（安全模板名称可以不同，但是安全模板下的配置必须相同），认证模板的认证方式和认证参数也要配置相同。

（3）漫游分类。漫游分为二层漫游和三层漫游，只有当 VLAN 相同且漫游域也相同的时候才是二层漫游，否则是三层漫游。

1）二层漫游：无线客户端在多个 AP 间切换时，接入属性保持不变，实现平滑过渡，无丢包和断线重连现象。

2）三层漫游：漫游前后 SSID 业务 VLAN 不同，连接不同的三层网络和网关。

13.3 考点实练

1. 下列 IEEE 802.11 系列标准中，WLAN 的传输速率达到 300Mb/s 的是（　　）。
   A．802.11a B．802.11b C．802.11g D．802.11n

   答案：D

2. WLAN 接入安全控制中，采用的安全措施不包括（　　）。
   A．SSID 访问控制 B．CA 认证
   C．物理地址过滤 D．WPA2 安全认证

   答案：B

3. 无线局域网 AP 中的轮询会锁定异步帧，在 IEEE 802.11 网络中定义了（　　）机制来解决这一问题。
   A．RTS/CTS 机制 B．二进制指数退避
   C．超级帧 D．无争用服务

   答案：C

4. 以下关于无线漫游的说法中，错误的是（　　）。
   A．漫游是由 AP 发起的
   B．漫游分为二层漫游和三层漫游
   C．三层漫游必须在同一个 SSID
   D．客户端在 AP 间漫游，AP 可以处于不同的 VLAN

   答案：A

5. 在 5G 关键技术中，将传统互联网控制平面与数据平面分离，使网络的灵活性、可管理性和可扩展性大幅提升的是（　　）。
   A．软件定义网络（SDN） B．大规模多输入多输出（MIMO）
   C．网络功能虚拟化（NFV） D．长期演进（LTE）

   答案：A

第 14 章 网络新技术知识点梳理及考点实练

14.0　章节考点分析

第 14 章主要学习一些网络新技术。

根据考试大纲，本章知识点会涉及单项选择题，预计分值 1～2 分。本章内容侧重于概念知识，多数参照教材。本章的架构如图 14-1 所示。

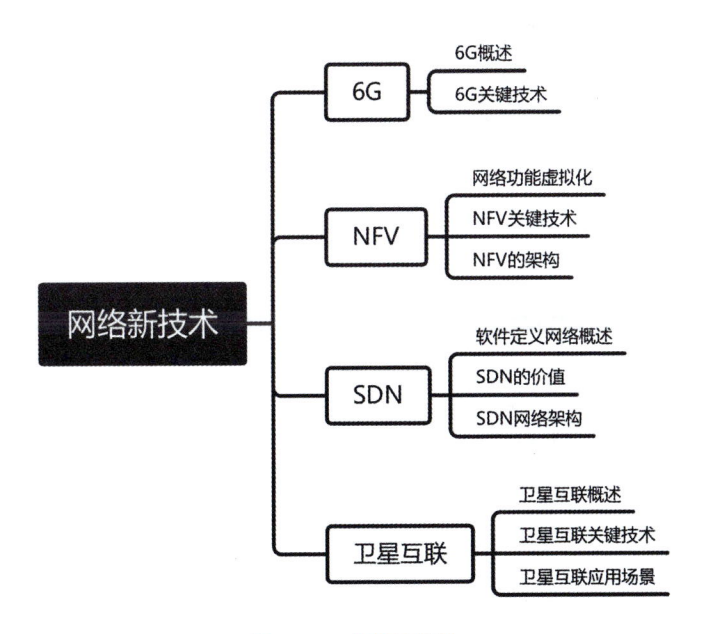

图 14-1　本章的架构

【导读小贴士】

网络工程师需掌握 6G、NFV、SDN 和卫星互联等前沿技术要点，从 6G 特性到 NFV 架构、SDN 价值及卫星互联应用，以构建新型网络，引领技术变革。

14.1　6G 考点梳理

【基础知识点】

1. 6G 概述

6G，作为 5G 之后的技术，预计在 2030 年商用，将提供更快的数据速率、更低的延迟和更广的连接。它将利用太赫兹频段，实现更宽频谱和高速数据传输。6G 可能融合人工智能、网络切片和先进网络架构，以满足未来通信需求。

2. 6G 关键技术

6G 关键技术涵盖太赫兹通信、AI 与机器学习、边缘计算、智能反射面、全息通信、网络切片和量子通信等。

（1）太赫兹通信能够提供高速的数据传输和宽频谱。

（2）AI 与机器学习用于优化网络性能、提升资源使用和自动化管理。

（3）边缘计算将处理和存储推向网络边缘，降低延迟，提高效率。

（4）智能反射面技术通过调整信号路径增强覆盖和质量。

（5）全息通信支持三维图像和视频实时传输。

（6）网络切片技术创建多个虚拟网络，满足不同服务需求。

（7）量子通信利用量子力学原理确保通信安全。

14.2　NFV 考点梳理

【基础知识点】

1. 网络功能虚拟化

网络功能虚拟化（Network Functions Virtualization，NFV）是运营商为了解决电信网络硬件繁多、部署运维复杂、业务创新困难等问题而提出的。虚拟化之后的网络功能被称为虚拟网络功能。

2. NFV 关键技术

NFV 关键技术是虚拟化和云化，其中虚拟化是基础，云化是关键。

（1）虚拟化具备分区、隔离、封装和硬件独立性，满足 NFV 需求。

（2）云计算模型允许用户随时获取所需计算资源，实现快速供应和释放，简化资源管理和与服务提供商的交互。

（3）在运营商网络中，云计算主要利用资源池化和弹性伸缩特性，其他特性包括自助服务、网络接入和可计量服务。

3. NFV 的架构

（1）NFV 标准架构主要由 NFVI、VNF 以及 MANO 组件组成。NFVI 包括通用的硬件设施及其虚拟化，VNF 使用软件实现虚拟化网络功能，MANO 实现 NFV 架构的管理和编排。

（2）华为云 Stack NFVI 平台负责华为 NFV 架构中的虚拟化层和 VIM 功能，实现计算、存储和网络资源的虚拟化，并统一管理、监控和优化这些物理硬件资源。华为 NFV 架构如图 14-2 所示。

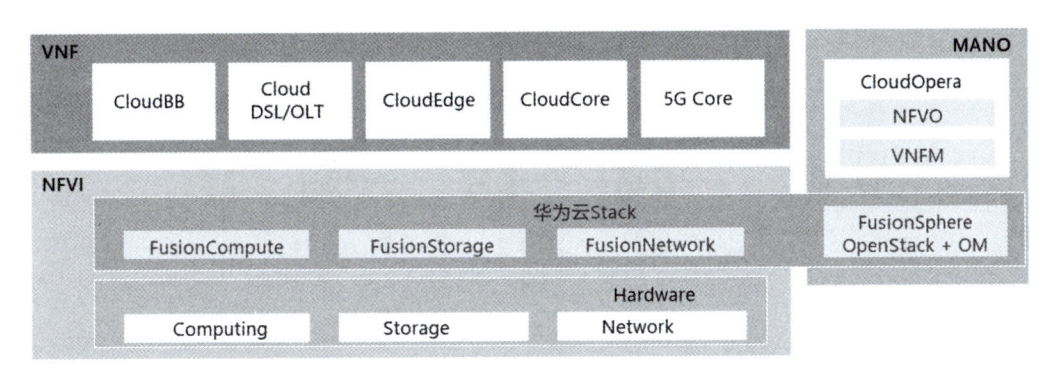

图 14-2　华为 NFV 架构

14.3　SDN 考点梳理

【基础知识点】

1. 软件定义网络概述

软件定义网络（Software Defined Network，SDN）通过分离网络设备的控制和数据平面来集中控制网络，促进了网络应用创新。SDN 的三个主要特征是控制与转发分离、集中控制和开放编程接口。SDN 旨在使网络更开放、灵活和简化，通过一个集中的网络控制中心实现快速业务部署、流量管理和网络服务的开放。

2. SDN 的价值

SDN 的价值如下：

（1）集中管理，简化网络管理与运维。

（2）屏蔽技术细节，降低网络复杂度，降低运维成本。

（3）自动化调优，提高网络利用率。

（4）快速业务部署，缩短业务上线时间。

（5）网络开放，支撑开放可编程的第三方应用。

3. SDN 网络架构

SDN 架构由应用层、控制器层和设备层组成，各层通过开放接口相连。控制器层是核心，它负责与设备层的南向接口和应用层的北向接口通信。OpenFlow 是南向接口协议之一。SDN 网络架构如图 14-3 所示。

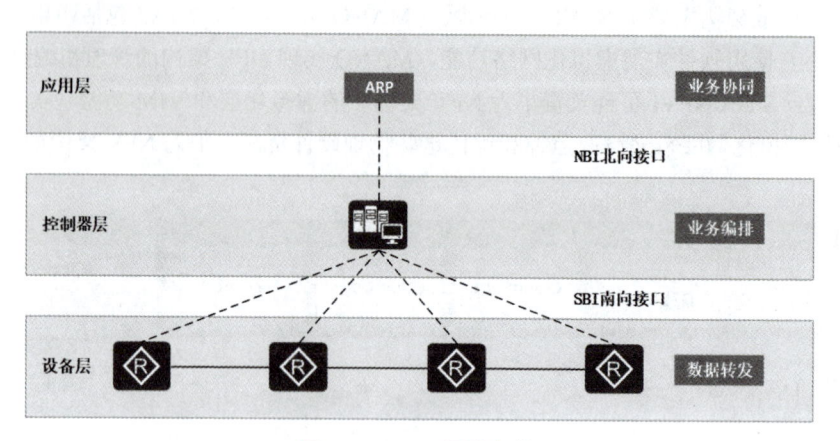

图 14-3 SDN 网络架构

14.4 卫星互联考点梳理

【基础知识点】

1. 卫星互联概述

卫星互联利用地球同步轨道或其他轨道上的卫星，为全球用户提供数据、语音和互联网服务。它覆盖广泛，不受地理限制，建设快速，尤其适用于偏远和传统网络难以覆盖的地区。随着技术的发展，卫星互联变得高效经济，成为全球通信基础设施的关键部分。

2. 卫星互联关键技术

卫星互联关键技术涵盖轨道设计、通信协议、星间链路、载荷、地面站、网络管理控制、频谱管理及发射部署。这些技术共同保障了卫星网络的高效、稳定和安全。

3. 卫星互联应用场景

（1）远程教育：在偏远地区提供教育内容，通过卫星网络连接远程教室和专家资源。

（2）灾害应急通信：在自然灾害发生后，地面通信基础设施受损时，卫星通信可以迅速恢复通信能力。

（3）军事应用：卫星通信在军事领域中用于指挥控制、情报收集、监视和侦察等。

（4）海上通信：为海上船只提供稳定的通信服务，确保航海安全和运营效率。

（5）航空通信：为飞机提供高速互联网接入，改善乘客和机组人员的通信体验。

（6）农村宽带接入：为农村和偏远地区提供互联网接入服务，缩小数字鸿沟。

（7）物联网：在地面网络覆盖不到的地区，卫星互联可以为物联网设备提供数据传输。

（8）广播电视分发：通过卫星传输电视和广播信号，覆盖广泛的观众群体。

（9）移动通信：为移动用户提供无缝的全球通信覆盖，特别是在偏远地区和国际旅行中。

（10）科学研究：在极地考察、深空探测等科学活动中，卫星通信是关键的数据传输手段。

14.5 考点实练

1. 以下对于华为SDN解决方案的表述，错误的是（　　）。

　　A．SDN的本质诉求是让网络更加开放、灵活和简单

　　B．支持OpenFlow作为南向接口协议

　　C．开放可编程网络接口，支持第三方应用开发和系统对接

　　D．支持丰富的南向接口协议，如RESTful、NETCONF等

答案：D

2. 关于SDN和NFV的表述，错误的是（　　）。

　　A．SDN会取代NFV　　　　　　　　B．SDN主要影响网络架构

　　C．NFV主要影响网元的部署形态　　D．SDN和NFV是Network相关的变革

答案：A

3. NFV是电信网络设备部署形态的革新，以（　　）为基础，（　　）为关键，实现电信网络的重构。

　　A．虚拟化、大数据　　　　　　　　B．大数据、物联网

　　C．元宇宙、人工智能　　　　　　　D．虚拟化、云计算

答案：D

第 15 章 网络管理知识点梳理及考点实练

15.0 章节考点分析

第 15 章主要学习网络管理基础、相关协议和命令等。

根据考试大纲，本章知识点会涉及单项选择题，预计分值 1～2 分。本章内容侧重于概念知识，多数参照教材。本章的架构如图 15-1 所示。

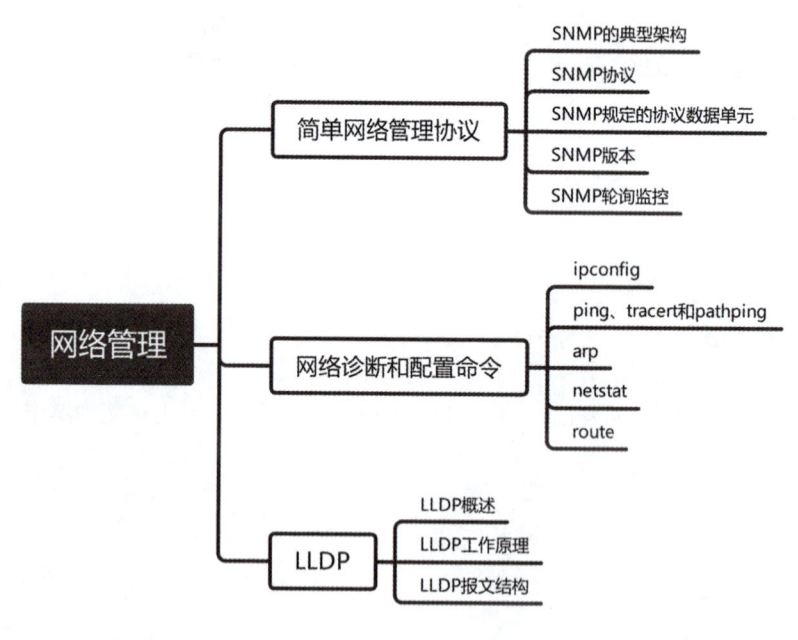

图 15-1 本章的架构

【导读小贴士】

网络工程师需掌握简单网络管理协议,包括其架构、协议要点、PDU 种类、版本特性、轮询监控,熟悉网络诊断与配置命令(如 ipconfig、ping 等)用法,以及 LLDP 的相关原理与结构,以实现网络有效管理、故障诊断及设备信息交互。

15.1 简单网络管理协议考点梳理

【基础知识点】

1. SNMP 的典型架构

SNMP 的典型架构中,网络管理的关键组件包括网络管理系统、被管理设备和代理者三部分。

(1)在 SNMP 网络管理中,NMS 作为网管中心,运行管理进程。每个设备需运行 SNMP 代理进程。管理与代理进程通过包含版本号、团体名和协议数据单元的 SNMP 报文进行通信。

(2)NMS 是采用 SNMP 协议,对网络设备进行管理与监控的系统,运行于 NMS 服务器上。

(3)被管理设备是网络中接受 NMS 管理的设备。

(4)代理进程运行于被管理设备上,用于维护被管理设备的信息数据并响应来自 NMS 的请求,把管理数据汇报给发送请求的 NMS。

2. SNMP 协议

(1)管理站使用 UDP 端口 162 接收 Trap 报文,代理使用 UDP 端口 161 接收 Get 或 Set 报文。

(2)对 SNMP 实现的建议是对每个管理信息要装配成单独的数据报独立发送,报文要简短,不要超过 484 字节。

3. SNMP 规定的协议数据单元

SNMP 规定了 5 种协议数据单元(PDU),用于在管理进程和代理之间进行交换。

(1)GetRequest(管理站发出):从代理进程处提取一个或多个参数值。

(2)GetNextRequest(管理站发出):从代理进程处提取紧跟当前参数值的下一个参数值。

(3)SetRequest(管理站发出):设置代理进程的一个或多个参数值。

(4)GetResponse(代理站发出):返回的一个或多个参数值,是上述三种操作的响应操作。

(5)Trap(代理站发出):当被监控端出现特定事件,如性能问题、网络设备接口故障等,代理端会给管理站发送告警事件,管理站可以通过预定义的方法处理告警。

4. SNMP 版本

(1)SNMP 有 3 个版本:SNMPv1、SNMPv2、SNMPv3。

(2)SNMPv1 采用团体明文认证,是一种分布式应用,SNMPv1 有 5 种报文 GetRequest、GetNextRequest、SetRequest、GetResponse 和 Trap。SNMPv1 适用于组网简单、安全性要求不高

或网络环境比较安全且比较稳定的小型网络。

（3）SNMPv2c 引入了 GETBulkRequest 和 InformRequest 两种新操作。它支持集中式和分布式网络管理。GETBulkRequest 通过减少交换次数来高效检索管理信息，类似于多次 GetNext 操作的合并。NMS 可配置设备在单次 GetBulk 交互中执行 GetNext 的次数。InformRequest 允许 NMS 间发送 Trap 信息和接收响应。SNMPv2c 适合大型或中型网络，适用于安全要求不高或环境安全但业务繁忙、可能面临流量拥塞的网络。

（4）SNMPv3 实现了商业级别的安全特性，包括数据源验证、消息完整性校验、防止重放攻击、消息加密、授权访问控制、远程配置和高级管理等。在 SNMPv3 中，SNMP 管理站和代理统称为 SNMP 实体。该版本适用于各种规模的网络，特别是对安全性有严格要求的网络，确保只有合法管理员能管理网络设备。

5. SNMP 轮询监控

SNMP 采用轮询监控方式，管理者按一定时间间隔向代理获取管理信息。假设在 SNMP 网络管理中，轮询周期为 N，单个设备轮询时间为 T，网络没有拥塞，则支持的设备数 $X=N/T$。

15.2　网络诊断和配置命令考点梳理

【基础知识点】

Windows 的网络管理命令通常以 .exe 文件的形式存储在 system32 目录中，按下"WIN+R"组合键，输入"cmd"命令并单击"确定"按钮，即可进入 DOS 命令窗口执行相关命令。

1. ipconfig

ipconfig 命令可以显示所有网卡的 TCP/IP 配置参数，可以刷新 DHCP 和域名系统的设置。ipconfig 的命令参数如图 15-2 所示。

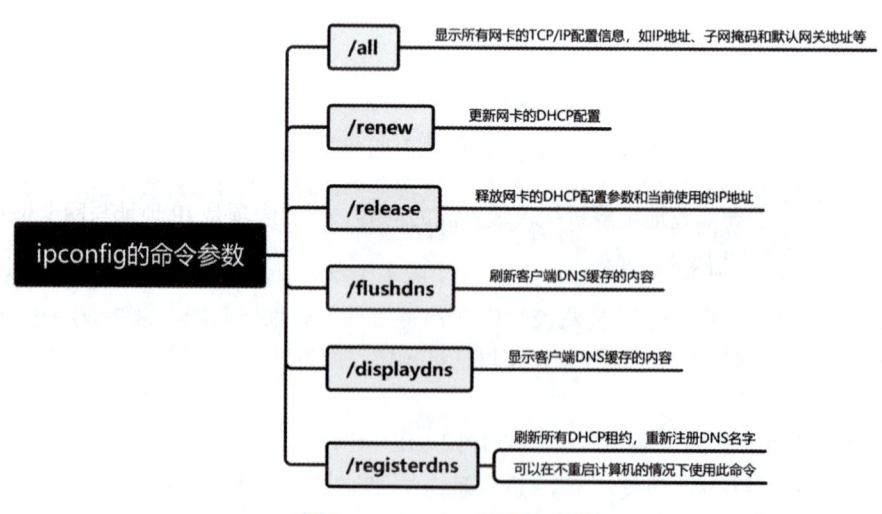

图 15-2　ipconfig 的命令参数

2. ping、tracert 和 pathping

（1）ping 命令通过发送 ICMP 回声请求报文来检验与另外一个计算机的连接，是一个用于排除连接故障的测试命令。ping 的命令参数如图 15-3 所示。

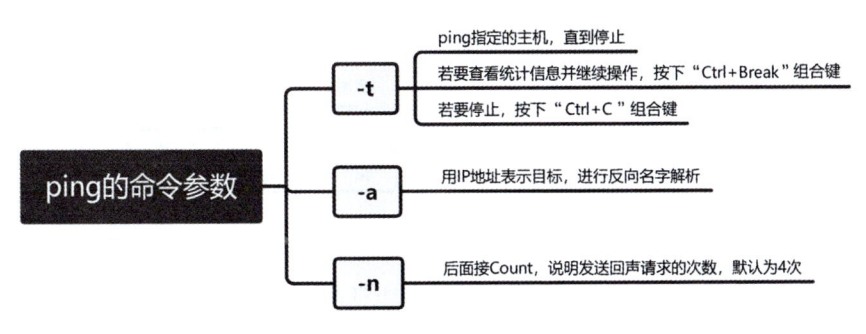

```
ping的命令参数
├─ -t  ─ ping指定的主机，直到停止
│        若要查看统计信息并继续操作，按下"Ctrl+Break"组合键
│        若要停止，按下"Ctrl+C"组合键
├─ -a ─ 用IP地址表示目标，进行反向名字解析
└─ -n ─ 后面接Count，说明发送回声请求的次数，默认为4次
```

图 15-3　ping 的命令参数

（2）tracert 命令可以确定到达目标的路径，并显示通路上每一个中间路由器的 IP 地址。通过多次向目标发送 ICMP 回声（echo）请求报文，每次增加 IP 头中 TTL 字段的值，就可以确定到达各个路由器的时间。

（3）tracert 命令的执行过程如下：

1）发送一个 TTL 为 1 的数据包，TTL 超时，第一跳发送回一个 ICMP 错误消息并指出此数据包不能被发送。

2）发送一个 TTL 为 2 的数据包，TTL 超时，第二跳发送回一个 ICMP 错误消息并指出此数据包不能被发送。

3）发送一个 TTL 为 3 的数据包，TTL 超时，第三跳发送回一个 ICMP 错误消息并指出此数据包不能被发送。

4）上述过程不断进行，直到到达目的地。

（4）pathping 集成了 ping 和 tracert 的功能，能展示每个子网的延迟和丢包情况。它还能显示每个路由器或链路的数据包丢失率，帮助用户识别通信问题所在。

3. arp

arp 命令用于显示和修改地址解析协议缓存表的内容，缓存表项是 IP 地址与网卡地址对应关系。arp 的命令参数如图 15-4 所示。

4. netstat

（1）netstat 命令显示 TCP 连接、监听端口、IPv4 和 IPv6 统计信息。无参数时，仅显示活动 TCP 连接。

（2）netstat 的命令语法如下：

1）-a：显示所有活动的 TCP 连接，以及正在监听的 TCP 和 UDP 端口。

2）-n：显示活动的 TCP 连接，地址和端口号以数字形式表示。

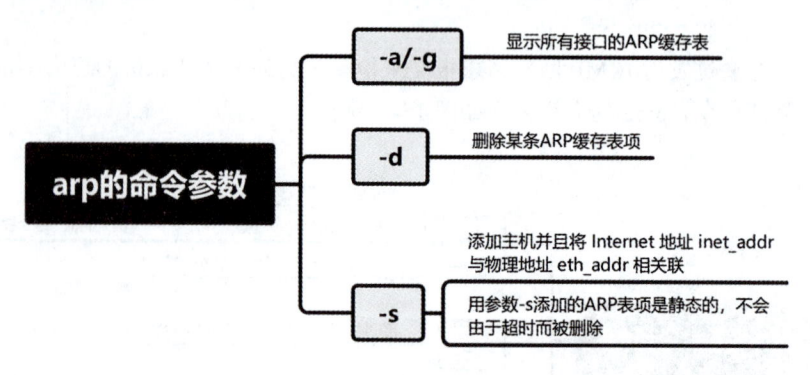

图 15-4　arp 的命令参数

3）-r：显示 IP 路由表的内容，其作用等价于路由打印命令 route print。

5. route

（1）route 命令的功能是显示和修改本地的 IP 路由表，如果不带参数，则给出帮助信息。

（2）route 的命令语法如下：

1）-f：删除路由表中的网络路由（子网掩码不是 255.255.255.255）、本地环路路由（目标地址为 127.0.0.0，子网掩码为 255.0.0.0）和组播路由（目标地址为 224.0.0.0，子网掩码为 240.0.0.0）。如果与其他命令（如 add、change 或 delete）联合使用，在运行这个命令前先清除路由表。

2）-p：与 add 命令联合使用时后面接了 -p，表示添加的是永久路由。例如，添加一条到达目标 10.1.0.0（子网掩码为 255.2550.0）的永久路由，下一跳地址是 10.45.0.254。

route -p add 10.1.0.0 mask 255.255.0.0 10.45.0.254

15.3　LLDP 考点梳理

1. LLDP 概述

LLDP（Link Layer Discovery Protocol，LLDP）是 IEEE 802.1ab 标准的链路层发现协议，用于交换设备信息，如管理地址和设备标识。这些信息被邻居设备接收并存储在 MIB 中，便于网络管理系统监控链路状态。

2. LLDP 工作原理

（1）LLDP 模块通过与设备的 MIB 交互，更新本地和扩展的 LLDP MIB。

（2）封装并发送本地设备信息为 LLDP 帧至远程设备。

（3）接收并处理来自远程设备的 LLDP 帧，更新远程 LLDP MIB 及扩展 MIB。

（4）利用 LLDP 代理交换帧，设备可识别远程设备的接口和 MAC 地址等信息。

3. LLDP 报文结构

封装有 LLDP 数据单元 LLDPDU（LLDP Data Unit，LLDPDU）的以太网报文称为 LLDP 报文。

LLDP 报文结构如图 15-5 所示。

DA 0x0180-C200-000E	SA	Type 0x88CC	LLDPDU	FCS
6 bytes	6 bytes	2 bytes	46～1500 bytes	4 bytes

图 15-5　LLDP 报文结构

15.4　考点实练

1. SNMPv3 新增了（　　）功能。
   A．管理站之间通信　　　B．代理　　　C．认证和加密　　　D．数据块检索

答案：C

2. 网络管理员调试网络，使用（　　）命令来持续查看网络连通性。
   A．ping 目标地址 -g　　　　　　　　B．ping 目标地址 -t
   C．ping 目标地址 -r　　　　　　　　D．ping 目标地址 -a

答案：B

3. 当发现主机受到 ARP 攻击时需清除 ARP 缓存，使用的命令是（　　）。
   A．arp -a　　　　B．arp -s　　　　C．arp -d　　　　D．arp -g

答案：C

4. 使用 tracert 命令进行网络检测，结果如下所示，那么本地默认网关地址是（　　）。

```
C:\>tracert 110.150.0.66
Tracing route to 110.150.0.66 over a maximum of 30 hops
1  2s   3s   2s   10.10.0.1
2  75ms 80ms 100ms 192.168.0.1
3  77ms 87ms 54ms 110.150.0.66
Trace complete
```

　　A．110.150.0.66　　B．10.10.0.1　　C．192.168.0.1　　D．127.0.0.1

答案：B

第 16 章

网络安全基础知识点梳理及考点实练

16.0 章节考点分析

第 16 章主要学习网络安全基础、密码学和安全防护系统等内容。

根据考试大纲，本章知识点会涉及单项选择题，预计分值 2～3 分。本章内容侧重于概念知识，多数参照教材。本章的架构如图 16-1 所示。

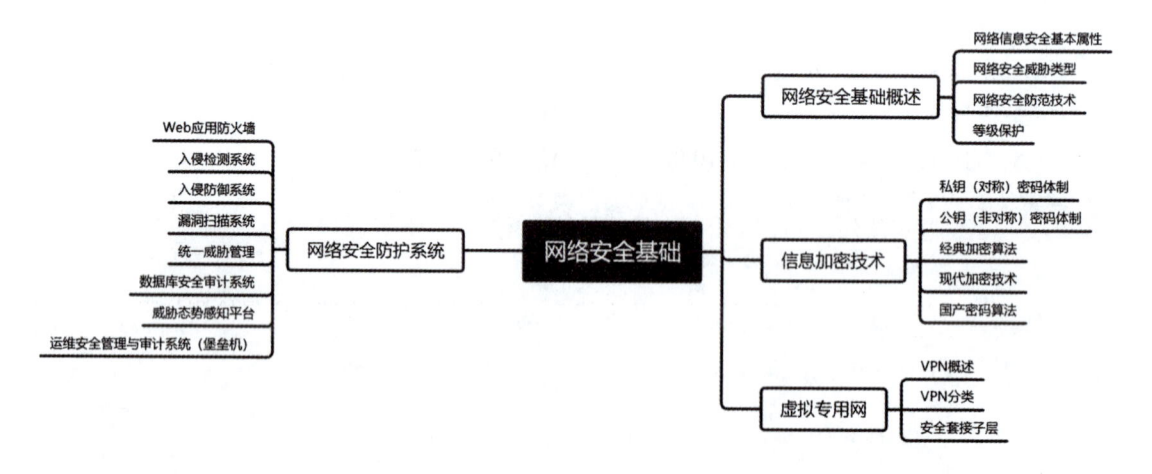

图 16-1 本章的架构

【导读小贴士】

网络安全是网络体系的坚实护盾，网络工程师需深入掌握网络信息安全属性、加密技术、VPN架构以及多种防护系统原理，以此筑牢网络安全防线，保障网络运行稳定、数据传输安全及用户隐私无虞。

16.1 网络安全基础概述考点梳理

【基础知识点】

1. 网络信息安全基本属性

网络信息安全基本属性主要包括机密性、完整性、可用性、抗抵赖性和可控性等，其中机密性（Confidentiality）、完整性（Integrity）和可用性（Availability）被称为网络信息系统CIA特性。主要网络信息安全基本属性见表16-1。

表16-1 主要网络信息安全基本属性

基本属性	含义
机密性	网络信息不泄露给非授权的用户、实体或程序，能够防止非授权者获取信息
完整性	网络信息或系统未经授权不能进行更改的特性
可用性	合法许可的用户能够及时获取网络信息或服务的特性
抗抵赖性	防止网络信息系统相关用户否认其活动行为的特性
可控性	网络信息系统责任主体对其具有管理、支配能力的属性，能够根据授权规则对系统进行有效掌握和控制，使得管理者有效地控制系统的行为和信息的使用，符合系统运行目标

2. 网络安全威胁类型

网络安全威胁类型有窃听、假冒、重放攻击、流量分析、数据完整性破坏、分布式拒绝服务（DDoS）攻击、恶意软件、Web攻击、高级可持续（APT）攻击等。

3. 网络安全防范技术

网络安全防范技术主要有数据加密、数字签名、身份认证、防火墙、入侵检测与阻断、访问控制、行为审计等。

4. 等级保护

（1）1994年，《中华人民共和国计算机信息系统安全保护条例》（国务院令第147号）首次提出"计算机信息系统实行安全等级保护"的概念。

（2）2017年6月1日正式实施的《中华人民共和国网络安全法》第二十一条规定，国家实行网络安全等级保护制度，明确网络安全等级保护制度的法律地位。

（3）等级保护对象的安全保护等级分为以下 5 级：

1）第一级，用户自主保护级。等级保护对象受到破坏后，会对相关公民、法人和其他组织的合法权益造成一般损害，但不危害国家安全、社会秩序和公共利益。

2）第二级，系统审计保护级。等级保护对象受到破坏后，会对相关公民、法人和其他组织的合法权益造成严重损害或特别严重损害，或者对社会秩序和公共利益造成危害，但不危害国家安全。

3）第三级，安全标记保护级。等级保护对象受到破坏后，会对社会秩序和公共利益造成严重危害，或者对国家安全造成危害。

4）第四级，结构化保护级。等级保护对象受到破坏后，会对社会秩序和公共利益造成特别严重危害，或者对国家安全造成严重危害。

5）第五级，访问验证保护级。等级保护对象受到破坏后，会对国家安全造成特别严重危害。

（4）网络安全等级保护工作流程分为定级、备案、建设整改、等级测评、监督检查。

16.2 信息加密技术考点梳理

【基础知识点】

根据密钥的特点，密码体制分为私钥（对称）和公钥（非对称）密码体制两种，而介于私钥和公钥之间的密码体制称为混合密码体制。

1. 私钥（对称）密码体制

私钥密码体制使用同一密钥进行加密和解密，要求双方事先安全交换密钥。其优势包括快速的加解密过程、紧凑的密文以及长密钥下的高安全性。然而，它面临密钥分配和管理难题，且无法验证消息来源。常见的对称加密算法包括 DES、3DES、RC4、RC5、IDEA、AES、SM1 和 SM4 等。

2. 公钥（非对称）密码体制

非对称密码体制使用不同的密钥进行加密和解密，允许加密密钥公开，而解密密钥需保密。典型的非对称加密算法包括 RSA、椭圆曲线、SM2、Elgamal、背包算法、Rabin 和 DH 等。

3. 经典加密算法

（1）替换加密。用一个字母去替换另一个字母。

（2）换位加密。按照一定的规律重排字母的顺序。

（3）一次性填充。把明文变为位串（例如用 ASCII 编码），选择一个等长的随机位作为密钥对二者进行按位异或得到密文。

4. 现代加密技术

现代密码体制使用的基本方法仍然是替换和换位，包括对称加密（共享密钥算法）和非对称加密（公钥加密）。对称加密使用同一密钥进行加密和解密；非对称加密的加密和解密密钥不一样，解决了密码配送问题，但不适合对很长的消息做加密。

（1）DES：分组加密算法，支持 64 位的明文块加密，密钥长度是 56 位。

（2）3DES：密钥长度 112 位，采用 2 个密钥进行三重加密操作。算法步骤如下：

1）用密钥 K1 进行 DES 加密。

2）用 K2 对步骤 1）的结果进行 DES 解密。

3）对步骤 2）的结果使用密钥 K1 进行 DES 加密。

（3）IDEA：密钥长度 128 位，把明文分成 64 位的块，进行 8 轮迭代。由硬件或者软件实现，通常情况下速度比 DES 快。

（4）AES：分组加密算法，支持 128、192、256 三种长度的密钥。通过硬件或者软件实现。

（5）RC4 流加密算法。流加密是将数据流与密钥流生成二进制比特流进行异或运算的加密过程。RC4 的密钥长度通常为 64 位或者 128 位。

（6）RSA：非对称算法，其基于大素数因子分解困难性。在 RSA 加密算法中，公钥和私钥都可以用于加密消息，用于加密消息的密钥与用于解密消息的密钥相反。

5．国产密码算法

国产密码算法主要有 SM1 分组密码算法、SM2 椭圆曲线公钥密码算法、SM3 密码杂凑算法、SM4 分组算法、SM9 标识密码算法。

（1）SM1：对称加密，分组长度和密钥长度都为 128 比特。

（2）SM2：非对称加密，用于公钥加密算法、密钥交换协议、数字签名算法。国家标准推荐使用素数域 256 位椭圆曲线。

（3）SM3：杂凑算法，杂凑值长度为 256 比特。

（4）SM4：对称加密，分组长度和密钥长度都为 128 比特。加密算法与密钥扩展算法都采用 32 轮非线性迭代结构。

（5）SM9：标识密码算法。SM9 可支持实现公钥加密、密钥交换、数字签名等安全功能。

16.3 虚拟专用网考点梳理

【基础知识点】

1．VPN 概述

虚拟专用网（Virtual Private Network，VPN）是建立在公网上、由某一组织或某一群用户专用的通信网络。虚拟表示在任意一对 VPN 用户之间没有专用的物理连接；专用性表示在 VPN 之外的用户无法访问 VPN 内部的网络资源，VPN 内部用户之间可以安全通信。

2．VPN 分类

VPN 分类如图 16-2 所示。

3．安全套接层

（1）安全套接层（Secure Sockets Layer，SSL）是传输层安全协议。SSL 的基本目标是实现两个应用实体之间安全可靠地通信。

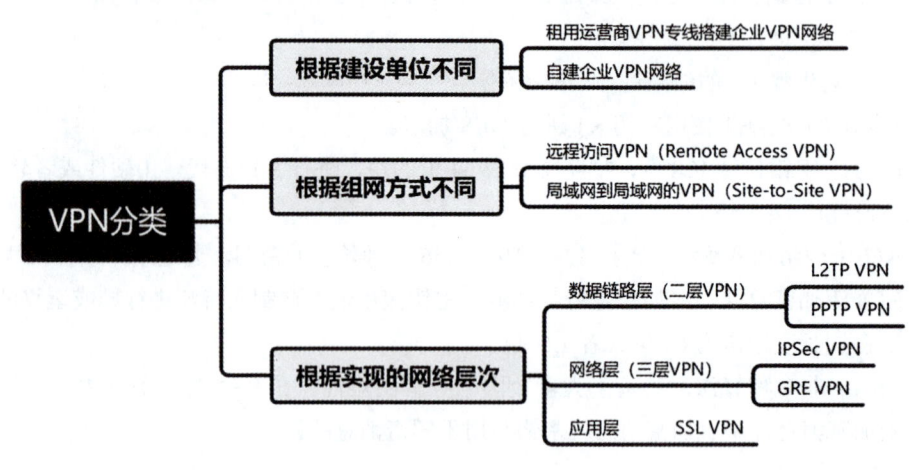

```
                    ┌─ 根据建设单位不同 ──┬─ 租用运营商VPN专线搭建企业VPN网络
                    │                   └─ 自建企业VPN网络
                    │
                    ├─ 根据组网方式不同 ──┬─ 远程访问VPN (Remote Access VPN)
        VPN分类 ────┤                   └─ 局域网到局域网的VPN (Site-to-Site VPN)
                    │
                    │                   ┌─ 数据链路层（二层VPN）──┬─ L2TP VPN
                    │                   │                        └─ PPTP VPN
                    └─ 根据实现的网络层次 ┼─ 网络层（三层VPN）────┬─ IPSec VPN
                                        │                        └─ GRE VPN
                                        └─ 应用层    SSL VPN
```

图 16-2　VPN 分类

（2）SSL 协议分为两层，底层是 SSL 记录协议，运行在传输层协议 TCP 之上，用于封装各种上层协议。其中一种被封装的上层协议是 SSL 握手协议，由服务器和客户端用来进行身份认证，并且协商通信中使用的加密算法和密钥。SSL 协议栈如图 16-3 所示。

SSL握手协议	SSL改变密码协议	SSL警告协议	HTTP（应用层）
SSL记录协议			
TCP			
IP			

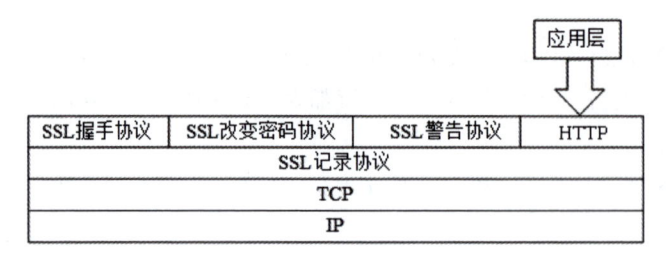

图 16-3　SSL 协议栈

（3）SSL 对应用层是独立的，高层协议都可以透明地运行在 SSL 协议之上。SSL 提供的安全连接具有以下特性：

1）连接是保密的。用握手协议定义了对称密钥（如 DES、RC4 等）之后，所有通信都被加密传送。

2）对等实体可以利用对称密钥算法（如 RSA、DSS 等）相互认证。

3）连接是可靠的。报文传输期间利用安全散列函数（如 SHA、MD5 等）进行数据的完整性检验。

4）传输层安全性 TLS。IETF 将 SSL 作了标准化后称为 TLS，它与 SSL 差别不大，主要功能是提供客户机与服务器之间的安全连接，为高层协议数据提供机密性。

5）HTTPS 是 SSL/TLS 在 Web 安全通信中的应用。SSL/TLS 同样适用于非 Web 应用，如电子邮件协议 SMTP、POP、IMAP 和远程登录协议 TELNET。SSL 在虚拟专用网中支持 TCP 和 UDP 通信，提供传输层和应用层的灵活访问控制。

16.4　网络安全防护系统考点梳理

【基础知识点】

1. Web 应用防火墙

Web 应用防火墙（Web Application Firewall，WAF）是一种用于 HTTP 应用的防火墙，工作在应用层，除了拦截具体的 IP 地址或端口，WAF 还可以更深入地检测 Web 流量，通过匹配 Web 攻击特征库，发现攻击并阻断。

2. 入侵检测系统

入侵检测通过收集操作系统、系统程序、应用程序及网络包等信息，发现系统中违背安全策略或危及系统安全的行为。具有入侵检测功能的系统称为入侵检测系统，简称 IDS。

3. 入侵防御系统

入侵防御系统（Intrusion Prevention System，IPS）的基本工作原理是根据网络包的特性及上下文进行攻击行为判断来控制包转发，工作机制类似于路由器或防火墙，但 IPS 能够进行攻击行为检测，并能阻断入侵行为。

4. 漏洞扫描系统

漏洞扫描系统可自动检测主机安全弱点，帮助管理员发现 Web 服务器的 TCP 端口、服务、软件版本及安全漏洞，以便及时修补，加强网络安全。

5. 统一威胁管理

统一威胁管理（Unified Threat Management，UTM）集成防火墙、入侵检测、入侵防护、防病毒功能于一台设备中，形成统一安全管理平台。

6. 数据库安全审计系统

数据库安全审计系统通过监控网络流量和解析数据库协议，记录并审计对数据库的访问活动。它利用 SQL 解析技术进行细粒度的合规性管理，并实时告警潜在风险行为，以增强数据资产的安全性。

7. 威胁态势感知平台

威胁态势感知平台利用日志采集探针和流量传感器，收集来自网络流量、安全设备、操作系统及中间件等的数据日志。它通过多维度、自动化的关联分析处理大量数据，以识别本地威胁和异常行为。根据风险等级和资产重要性，平台依据既定策略对发现的威胁和异常进行处理。

8. 运维安全管理与审计系统（堡垒机）

堡垒机，也称运维安全审计产品，是运维人员访问和操作网络内服务器、设备和数据库的唯一途径。它全程记录操作，支持操作回溯，能实时阻止高危命令，并集中报警、处理和审计。

16.5 考点实练

1. RSA 加密算法的安全性依赖于（　　）问题的困难性。
   A．大整数分解　　B．子集合　　C．合数剩余判定　　D．离散对数

   答案：A

2. UTM（统一威胁管理系统）的功能不包括（　　）。
   A．访问控制　　　　　　　　B．恶意软件过滤
   C．重要数据加密和备份　　　D．垃圾邮件拦截

   答案：C

3. 以下关于三重 DES 加密算法的描述中，正确的是（　　）。
   A．三重 DES 加密使用两个不同密钥进行三次加密
   B．三重 DES 加密使用三个不同密钥进行三次加密
   C．三重 DES 加密的密钥长度是 DES 密钥长度的三倍
   D．三重 DES 加密使用一个密钥进行三次加密

   答案：A

4. SHA-256 是（　　）算法。
   A．加密　　B．数字签名　　C．认证　　D．报文摘要

   答案：D

5. 根据国际标准 ITU-T X.509 规定，数字证书的一般格式中会包含认证机构的签名，该数据域的作用是（　　）。
   A．用于标识颁发证书的权威机构 CA
   B．用于指示建立和签署证书的 CA 的 X.509 名字
   C．用于防止证书的伪造
   D．用于传递 CA 的公钥

   答案：C

6. 攻击者通过发送一个目的主机已经接收过的报文来达到攻击目的，这种攻击方式属于（　　）攻击。
   A．重放　　B．拒绝服务　　C．数据截获　　D．数据流分析

   答案：A

第 17 章 网络存储知识点梳理及考点实练

17.0 章节考点分析

第 17 章主要学习独立磁盘冗余阵列、网络存储等内容。

根据考试大纲，本章知识点会涉及单项选择题，预计分值 1~2 分。本章内容侧重于概念知识，多数参照教材。本章的架构如图 17-1 所示。

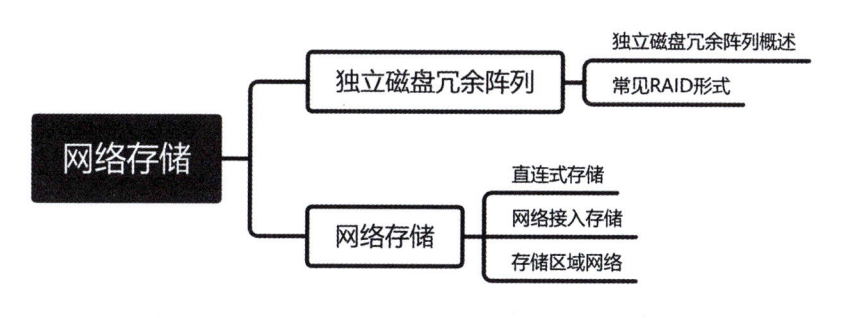

图 17-1 本章的架构

【导读小贴士】

数据存储是网络运行的关键支撑，网络工程师应精通独立磁盘冗余阵列的多样组合与特性，熟知网络存储中直连式存储、网络接入存储及存储区域网络模式的差异，从而构建稳固高效的数据存储架构，保障网络数据的安全存储、便捷管理与快速存取。

17.1　独立磁盘冗余阵列考点梳理

【基础知识点】

1. 独立磁盘冗余阵列概述

独立磁盘冗余阵列（RAID）技术将多个单独的物理硬盘以不同的方式组合成一个逻辑硬盘，从而提高了硬盘的读写性能和数据安全性。RAID 的重要特性是所谓的扩展数据可用性与保护（Extended Data Availability and Protection，EDAP）概念，强调了这种系统的可扩充性和容错机制。RAID 在不停机的情况下可支持自动检测硬盘故障、重建硬盘的坏道信息、硬盘热备份、硬盘热替换及扩充硬盘容量。

2. 常见 RAID 形式

（1）RAID 0。

1）RAID 0 又称为 Stripe 或 Striping（条带化），把连续的数据分散到多个磁盘上存储，系统有数据请求就可以被多个磁盘并行地执行，每个磁盘执行属于它自己的那部分数据请求。

2）需要 2 个以上的硬盘驱动器，没有差错控制措施，一旦数据或者磁盘损坏，损坏的数据将无法得到恢复。磁盘利用率 100%。

3）RAID 0 特别适用于对性能要求较高，而对数据安全要求低的领域。

（2）RAID 1。

1）RAID 1 又称为 Mirror 或 Mirroring（镜像），它的宗旨是最大限度地保证用户数据的可用性和可修复性。RAID 1 的操作方式是把用户写入硬盘的数据 100% 地自动复制到另外一个硬盘上。

2）在所有 RAID 级别中，RAID 1 提供最高的数据安全保障。RAID 1 需要 2 块磁盘，磁盘利用率为 50%。

3）RAID 1 通过数据镜像加强了数据安全性，使其尤其适用于存放重要数据。

（3）RAID 2 和 RAID 3。

1）RAID 2 和 RAID 3 类似，都是将数据分块存储在不同的硬盘上实现多模块交叉存储，并在数据访问时提供差错校验功能。RAID 2 使用海明码进行差错校验，需要单独的磁盘存放与恢复信息。RAID 2 实现技术代价昂贵，商业环境中很少用。

2）RAID 3 采用奇偶校验方式，只能查错不能纠错。需要 3 个以上的磁盘驱动器，一个磁盘专门存放奇偶校验码，其他磁盘作为数据盘实现多模块交叉存取。RAID 3 主要用于图形图像处理等要求吞吐率比较高的场合，对于随机数据，奇偶校验盘会成为写操作的瓶颈。磁盘利用率为 $(n-1)/n$。

（4）RAID 5。分布式奇偶校验的独立磁盘结构。用来进行纠错的校验信息分布在各个磁盘上，没有专门的校验盘。读效率高，写效率一般，只能允许一块磁盘故障。需要 3 块以上磁盘，磁盘利用率为 $(n-1)/n$。

（5）RAID 0+1。RAID 0 和 RAID 1 的组合形式，也称为 RAID 10。需要最少 4 块磁盘，磁盘利用率为 50%。它在提供与 RAID 1 同样的数据安全保障的同时，也提供了与 RAID 0 近似的访问速率，特别适用于既有大量数据需要存取，同时又对数据安全性要求严格的领域，如银行、金融、商业超市、仓储库房和各种档案管理等。

（6）RAID 6。最少 4 块磁盘，最多可以允许坏 2 块，磁盘利用率为 $(n-2)/n$。

17.2　网络存储考点梳理

【基础知识点】

基于 Windows、Linux 和 UNIX 等操作系统的服务器称为开放系统。开放系统的数据存储方式分为内置存储和外挂存储，外挂存储又分为直连式存储和网络化存储，网络化存储又分为网络接入存储和存储区域网络。

1. 直连式存储

（1）直连式存储（Direct-Attached Storage，DAS），即在服务器上外挂一组大容量磁盘，存储设备与服务器主机之间采用 SCSI 通道连接。DAS 依赖于服务器，其本身是硬件的堆叠，不具有任何存储操作系统。这种方式难以扩展存储容量，而且不支持数据容错功能，当服务器出现异常时，会造成数据丢失。

（2）DAS 为服务器提供块级的存储服务（不是文件级）。DAS 不能提供跨平台文件共享功能，各系统平台下文件需分布存储。

（3）优点：磁盘与服务器分离，便于统一管理。

（4）缺点：不支持数据容错功能，服务器出现异常时，会造成数据丢失；连接距离短，连接数量有限；数据分散，共享、管理困难；存储资源利用率低，单位成本高；扩展性差。

2. 网络接入存储

（1）网络接入存储（Network Attached Storage，NAS）是将存储设备连接到现有的网络上来提供数据存储和文件访问服务的设备。

（2）NAS 服务器是在专用主机上安装简化了的瘦操作系统（只具有访问权限控制、数据保护和恢复等功能）的文件服务器。NAS 服务器内置了与网络连接所需要的协议，可以直接联网，具有权限的用户都可以通过网络来访问 NAS 服务器中的文件。

3. 存储区域网络

（1）存储区域网络（Storage Area Network，SAN）是一种连接存储设备和存储管理子系统的专用网络，专门提供数据存储和管理功能。

（2）SAN 可以看作负数据传输的后端网络，而前端网络则负责正常的 TCP/IP 传输。SAN 主要采取数据块的方式进行数据和信息的存储。

（3）SAN 是一种特殊的高速网络，SAN 分为 FC-SAN 和 IP-SAN，具体区别见表 17-1。

表 17-1　FC-SAN 和 IP-SAN 的区别

内容	FC-SAN	IP-SAN
传输介质	光纤网络	以太网
传输协议	FC 协议	iSCSI 协议
成本	成本高	成本低，可基于现有以太网
扩展性	扩展能力差	扩展能力强
传输速度	传输速度快	传输速度较慢
适用场景	适用于企业关键应用存储	适用于企业关键应用存储，远程容灾

（4）SAN 与 NAS 二者通常相互补充，以提供对不同类型数据的访问。SAN 针对海量的面向数据块的数据传输，而 NAS 则提供文件级的数据访问与共享服务。越来越多的数据中心以"SAN+NAS"的方式实现数据整合、高性能访问以及文件共享服务。

17.3　考点实练

1. 在冗余磁盘阵列中，以下不具有容错技术的是（　　）。
   A．RAID 0　　　B．RAID 1　　　C．RADI 5　　　D．RAID10

答案：A

2. RAID 技术中，磁盘容量利用率最低的是（　　）。
   A．RAID 0　　　B．RAID 1　　　C．RAID 5　　　D．RAID 6

答案：B

3. 某数据中心做存储系统设计，从性价比角度考量，最合适的冗余方式是 (1) ，当该 RAID 配备 N 块磁盘时，实际可用数为 (2) 块。
   (1) A．RAID 0　　　B．RAID 1　　　C．RAID 5　　　D．RAID 10
   (2) A．N　　　B．N-1　　　C．$N/2$　　　D．$N/4$

答案：(1) C　(2) B

4. 某银行拟在远离总部的一个城市设立灾备中心，其中的核心是存储系统。该存储系统恰当的存储类型是 (1) ，不适于选用的磁盘是 (2) 。
   (1) A．NAS　　　B．DAS　　　C．IP-SAN　　　D．FC-SAN
   (2) A．FC 通道磁盘　　　B．SCSI 通道磁盘
   　　C．SAS 通道磁盘　　　D．固态盘

答案：(1) C　(2) D

第 18 章

网络规划和设计知识点梳理及考点实练

18.0 章节考点分析

第18章主要学习网络规划设计基础和网络各层次设计要点等内容。

根据考试大纲，本章知识点会涉及单项选择题，预计分值2～3分。本章内容侧重于概念知识，多数参照教材。本章的架构如图18-1所示。

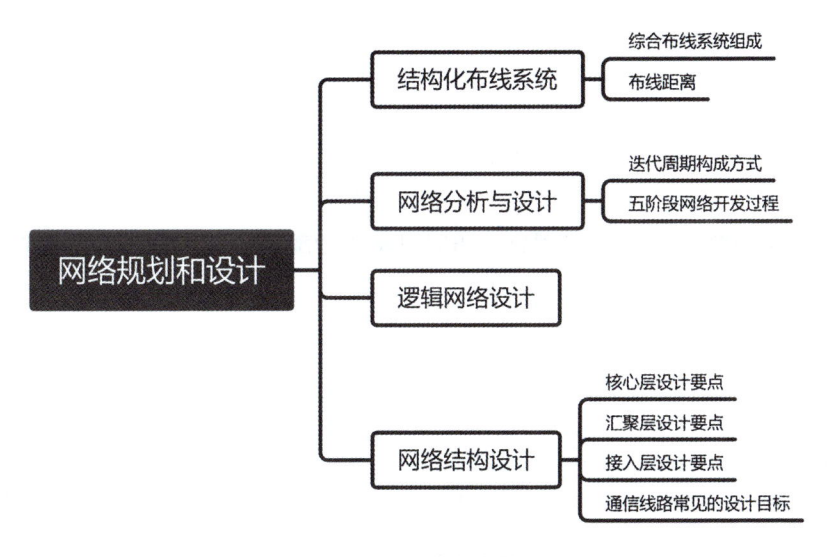

图 18-1 本章的架构

【导读小贴士】

结构化布线与网络设计是构建网络的核心环节，网络工程师应深入探究结构化布线系统的子系统构成与布线规范，熟练掌握网络分析与设计流程、逻辑设计要点及网络结构模型，以此打造稳固高效、满足多样需求的网络体系，为网络通信的顺畅运行筑牢根基。

18.1 结构化布线系统考点梳理

【基础知识点】

1. 综合布线系统组成

结构化布线系统分为 6 个子系统：工作区子系统、水平布线子系统、管理子系统、干线子系统、设备间子系统和建筑群子系统。

（1）工作区子系统涵盖终端设备连接至信息插座的区域。选择信息插座类型需依据终端设备种类。信息插座安装方式有嵌入式和表面安装两种，分别适用于新旧建筑。插座一般位于工作间墙下，离地面 30cm 处。

（2）水平布线子系统连接配线架和信息插座，延伸干线子系统至用户区。布线时应避免转折点。布线通道分为暗管预埋和地下管槽两种方式，前者适用于多墙建筑，后者适合少墙多柱环境，便于更改和维护。

（3）管理子系统位于楼层接线间，包含交连设备如跳线架和光纤架，以及集线器和交换机等。其交连方式根据网络结构和工作区设备需求而定。

（4）干线子系统是建筑物的主干线缆，实现各楼层设备间子系统之间的互连。

（5）设备间是网络管理人员的值班场所，包含进户线、交换设备、电话、计算机、适配器和保安设施，用于连接中央主配线架和各种设备。

（6）建筑群子系统，即园区子系统，是连接各建筑物的通信系统。大楼间布线有 3 种方法：地下管道敷设，需预留备用管孔；直埋法，需同沟埋设通信和监控电缆并设地面标志；架空明线，需定期维护。

2. 布线距离

布线距离见表 18-1。

表 18-1 布线距离

子系统	光纤/m	屏蔽双绞线/m	非屏蔽双绞线/m
建筑群（楼栋间）	2000	800	700
主干（设备间到配线间）	2000	800	700

续表

子系统	光纤/m	屏蔽双绞线/m	非屏蔽双绞线/m
配线间到工作区信息插座	—	90	90
信息插座到网卡	—	10	10

18.2 网络分析与设计过程考点梳理

【基础知识点】

1. 迭代周期构成方式

常见的迭代周期构成方式主要有四阶段周期、五阶段周期和六阶段周期 3 种。

（1）四阶段周期适应新需求快，重视宏观管理。其优势是成本低、灵活性强，适合规模小、需求明确、结构简单的项目。

（2）五阶段周期迭代分为需求规范、通信规范、逻辑网络设计、物理网络设计和实施。这种五阶段周期适合规模大、需求明确、变更少的网络工程。

（3）六阶段周期由需求分析、逻辑设计、物理设计、设计优化、实施及测试、监测及性能优化组成。

2. 五阶段网络开发过程

（1）根据五阶段迭代周期的模型，网络开发过程可以被划分为需求分析、通信规范分析（现有网络系统分析）、逻辑网络设计（确定网络逻辑结构）、物理网络设计（确定网络物理结构）、安装和维护 5 个阶段。

（2）五阶段网络开发过程如图 18-2 所示。

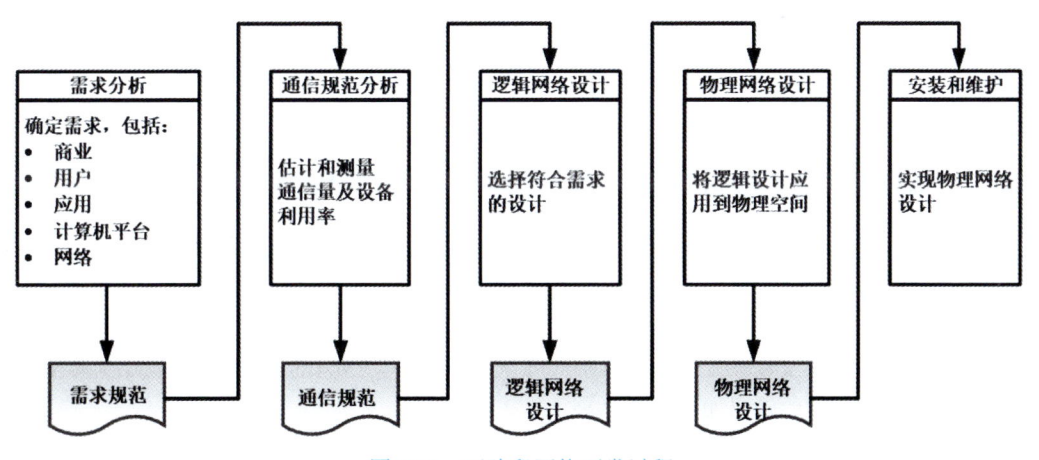

图 18-2 五阶段网络开发过程

（3）在这 5 个阶段中，每个阶段都必须依据上一阶段的成果完成本阶段的工作，并形成本阶段的工作成果，作为下一阶段的工作依据。这些阶段成果分别为"需求规范""通信规范""逻辑网络设计"和"物理网络设计"。

（4）五阶段网络开发过程之需求分析。

1）不同的用户有不同的网络需求，收集需求需要考虑业务需求、用户需求、应用需求、计算机平台需求和网络需求。

2）需求分析结果是一份需求说明书，它详尽记录了单位和个人的需求与愿望，并设定了需求变更的规则。完成需求说明书后，管理者和网络设计者需达成一致并签字，以降低网络建设风险。

（5）五阶段网络开发过程之通信规范分析（现有网络系统分析）。在通信规范分析阶段，应给出一份正式的通信规范说明文档作为下一个阶段的输入。通信规范说明文档包含如下内容：

1）现有网络的拓扑结构图。

2）现有网络的容量，以及新网络所需的通信量和通信模式。

3）详细的统计数据，直接反映现有网络性能的测量值。

4）Internet 接口和广域网提供的服务质量报告。

5）限制因素列表，如使用线缆和设备清单等。

（6）五阶段网络开发过程之逻辑网络设计（确定网络逻辑结构）。网络逻辑结构设计是体现网络设计核心思想的关键阶段，最后应该得到一份逻辑设计文档，其输出的内容包括以下几点：

1）网络逻辑设计图。

2）IP 地址分配方案。

3）安全管理方案。

4）具体的软/硬件、广域网连接设备和基本的网络服务。

5）招聘和培训网络员工的具体说明。

6）对软/硬件费用、服务提供费用以及员工和培训费用的初步估计。

（7）五阶段网络开发过程之物理网络设计（确定网络物理结构）。物理网络设计是逻辑网络设计的具体实现。网络物理结构设计文档必须尽可能详细、清晰，输出的内容如下：

1）网络物理结构图和布线方案。

2）设备和部件的详细列表清单。

3）软/硬件和安装费用的估算。

4）安装日程表，详细说明服务的时间以及期限。

5）安装后的测试计划。

6）用户的培训计划。

（8）五阶段网络开发过程之安装和维护。在安装开始前，所有的软/硬件资源必须准备完毕，并通过测试。安装阶段的输出如下：

1）逻辑网络结构图和物理网络部署图。

2）符合规范的设备连接图和布线图，同时包括线缆、连接器和设备的规范标识。

3）运营维护记录和文档，包括测试结果和数据流量记录。

网络维护包括监控用户反馈、故障监测、恢复、网络升级和性能优化。

（9）网络设计的约束因素。在需求分析阶段，确定用户需求的同时还应明确可能出现的约束条件。一般来说，网络设计的主要约束条件包括政策、预算、时间和应用目标等方面。

18.3 逻辑网络设计考点梳理

【基础知识点】

逻辑设计过程主要由确定逻辑设计目标、网络服务评价、技术选项评价和进行技术决策4个步骤组成。

逻辑网络设计工作的主要内容如下。

（1）网络结构的设计。

（2）物理层技术的选择。

（3）局域网技术的选择与应用。

（4）广域网技术的选择与应用。

（5）地址设计和命名模型。

（6）路由选择协议。

（7）网络管理。

（8）网络安全。

（9）逻辑网络设计文档。

18.4 网络结构设计考点梳理

【基础知识点】

三层模型是层次化模型中最经典的，它将网络分为核心层、汇聚层和接入层。核心层负责高速连接和最优路径传送；汇聚层处理网络业务连接、安全、流量负载和路由策略；接入层则提供局域网与广域网的连接以及终端用户的网络访问。

1. 核心层设计要点

（1）核心层是因特网的高速骨干，应采用冗余组件设计。

（2）在设计核心层设备的功能时，应尽量避免使用数据包过滤、策略路由等降低数据包转发处理的特性，以优化核心层获得低延迟和良好的可管理性。

（3）核心层应具有有限的和一致的范围。

（4）核心层应包括一条或多条连接到外部网的链路。

2. 汇聚层设计要点

（1）汇聚层是核心层和接入层的分界点，应尽量将出于安全性原因对资源访问的控制、出于性能原因对通过核心层流量的控制等都在汇聚层实施。

（2）汇聚层应向核心层隐藏接入层的详细信息，仅向核心层宣告汇聚后的网络。汇聚层也向接入层屏蔽网络其他部分的信息。为了保证核心层连接运行不同协议的区域，各种协议的转换都应在汇聚层完成。

3. 接入层设计要点

（1）接入层为用户提供了在本地网段访问应用系统的能力，接入层要解决相邻用户之间的互访需要，并且为这些访问提供足够的带宽。

（2）接入层还应该适当负责一些用户管理功能，包括地址认证、用户认证和计费管理等内容；还负责用户信息收集工作，如用户的 IP 地址、MAC 地址和访问日志等信息。

4. 通信线路常见的设计目标

在网络冗余设计中，对于通信线路常见的设计目标主要有两个：一个是备用路径；另外一个是负载分担。

（1）备用路径主要是为了提高网络的可用性，一般情况下，备用路径仅仅在主路径失效时投入使用。

（2）负载分担通过冗余的形式来提高网络的性能，是对备用路径方式的扩充。负载分担通过并行链路提供流量分担来提高性能，其主要的实现方法是利用两个或多个网络接口和路径来同时传递流量。

18.5　考点实练

1. 以下关于网络布线子系统的说法中，错误的是（　　）。
   A．工作区子系统指终端到信息插座的区域
   B．水平子系统实现计算机设备与各管理子系统间的连接
   C．干线子系统用于连接楼层之间的设备间
   D．建筑群子系统连接建筑物

   答案：B

2. 逻辑网络设计是体现网络设计核心思想的关键阶段，下列选项中不属于逻辑网络设计内容的是（　　）。
   A．网络结构设计　　　　　　　B．物理层技术选择
   C．结构化布线设计　　　　　　D．确定路由选择协议

   答案：C

3. 三层网络设计方案中，（　　）是核心层的功能。
   A．不同区域的数据转发　　　　B．用户代理，计费管理
   C．终端用户接入网络　　　　　D．实现网络的访问等级控制

答案：A

4．对某银行业务系统的网络方案设计时，应该优先考虑（　　）原则。

　　A．开放性　　　　B．先进性　　　　C．经济性　　　　D．高可用性

答案：D

5．在结构化布线系统设计时，配线架到工作区信息插座的双绞线最大距离不超过90m，信息插座到终端电脑网卡的双绞线最大距离不超过（　　）m。

　　A．90　　　　　　B．60　　　　　　C．30　　　　　　D．10

答案：D

第 19 章

网络操作系统与应用服务器知识点梳理及考点实练

19.0 章节考点分析

第 19 章主要学习网络操作系统基础和国产操作系统等内容。

根据考试大纲，本章知识点会涉及单项选择题，预计分值 2～3 分。本章内容侧重于概念知识，多数参照教材。本章的架构如图 19-1 所示。

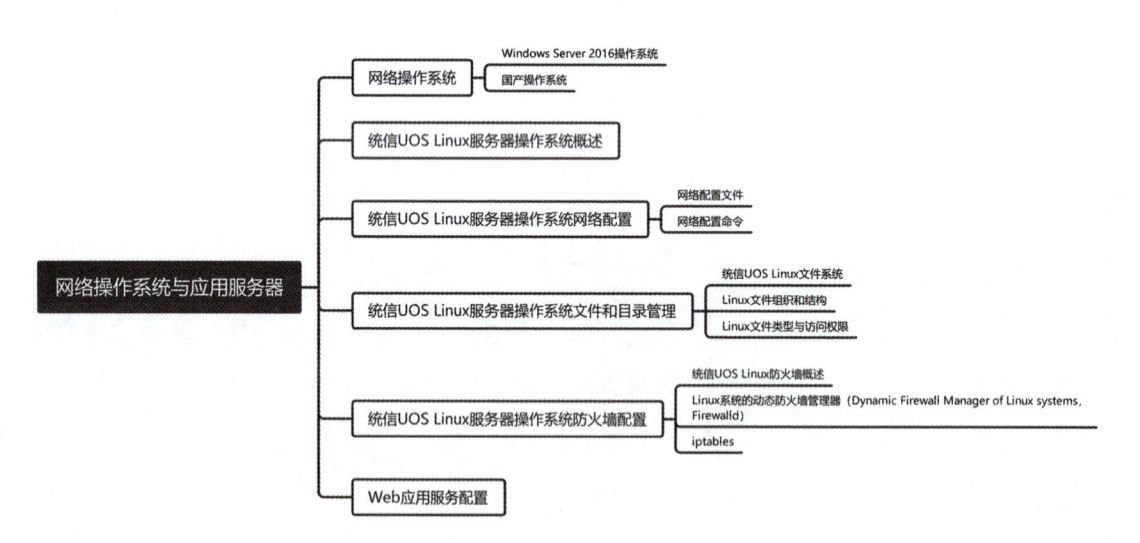

图 19-1 本章的架构

第 19 章 网络操作系统与应用服务器知识点梳理及考点实练

【导读小贴士】

网络操作系统是网络运行的核心支撑，网络工程师应透彻研习 Windows Server 2016 与国产操作系统特点，熟练掌握统信 UOS Linux 服务器操作系统的网络、文件、防火墙及 Web 应用服务配置，以此构建功能完备、安全稳定的网络服务环境，保障网络业务的顺畅开展。

19.1 网络操作系统考点梳理

【基础知识点】

1. Windows Server 2016 操作系统

Windows Server 2016 基于 Long-Term Servicing Branch 1607 内核开发，于 2016 年发布。这个版本引入新的安全层以保护用户数据和控制访问权限，增强了弹性计算能力，降低了存储成本，提供了新的方式用于打包、配置、部署、运行、测试和保护应用程序，并提升了虚拟化、安全性、软件定义的数据（计算、网络技术、存储）等方面的支持能力，单台服务器最大内存支持提升至 24TB，分为基础版 Essentials、标准版 Standard、数据中心版 Datacenter 3 个发行版本，是一款仅支持 64 位的操作系统，可以为大、中、小型企业搭建功能强大的网站和应用程序服务器平台。

2. 国产操作系统

国产 Linux 操作系统分为桌面版和服务器版，桌面版有深度 Deepin、统信 UOS、银河麒麟等，服务器版有银河麒麟、中标麒麟、统信 UOS、中科方德、红旗 Asianux 等。

19.2 统信 UOS Linux 服务器操作系统概述考点梳理

【基础知识点】

2019 年，国内多家操作系统厂家联合成立统信软件技术有限公司，统信 UOS 由该公司研发。目前统信 UOS 有家庭版、专业版和服务器版 3 个发行版本，统信服务器操作系统 V20 支持鲲鹏、飞腾、海光、兆芯等国产 CPU 芯片及国际主流 CPU 芯片多计算架构，提供 ISO、容器、云镜像交付物进行环境部署，支持高可用集群、负载均衡集群、容器云平台等应用场景。

本书所有示例均以 UOS Linux 服务器操作系统 V20-1050a 版本为基础，其他版本的操作略有不同，详细情况可查阅官方文档。

19.3　统信 UOS Linux 服务器操作系统网络配置考点梳理

【基础知识点】

1. 网络配置文件

在 Linux 操作系统中，TCP/IP 网络是通过若干个文本文件进行配置的，这些文件和脚本大多数位于 /etc 目录下。有关网络配置的主要文件有以下几个。

（1）/etc/sysconfig/network-script/ifcfg-ensxx 文件。这是用来指定服务器上网络配置信息的文件。其中常见的主要参数的含义说明如下。

```
TYPE=Ethernet                          # 网络接口类型
BOOTPROTO=static                       # 静态地址
DEFROUTE=yes                           # 是否将该接口设置为默认路由
IPV4_FAILURE_FATAL=no
IPV6INIT=yes                           # 是否支持 IPv6
IPV6_AUTOCONF=yes
IPV6_DEFROUTE=yes
IPV6_FAILURE_FATAL=no
NAME=ens32                             # 网卡名称，不同版本的 Linux 网卡命名略有不同
ONBOOT=yes
IPADDR= 10.0.10.20                     #IP 地址
PREFIX=24                              # 子网掩码
GATEWAY= 10.0.10.254                   # 网关
DNS1=61.134.1.4                        #DNS 地址
```

配置完成后，需要重启网络服务，在 UOS 中，默认使用 NetworkManager 服务管理网络，可以使用 nmcli connection reload 命令重启网络服务，也可以手动安装 network.service 服务，使用 systemctl restart network 命令重启网络服务。

（2）/etc/hostname 文件。该文件包含了 Linux 系统的主机名。

```
[root@uos ~]                           # 主机名在 /etc/hostname 配置文件中配置
```

2. 网络配置命令

（1）nmcli 命令。nmcli 是 NetworkManager 服务的命令行管理工具，常用配置示例如下。

1）nmcli connection show：显示网络连接信息。

2）nmcli connection up/down ens32：激活或者停用一个网络连接，这里 ens32 为网络接口。

3）nmcli connection modify ens32 ipv4.addresses 10.0.10.10/32：设置网卡 IP 地址。

4）nmcli connection modify ens32 ipv4.gateway 10.0.10.254：设置网关。

5）nmcli connection modify ens32 ipv4.dns 8.8.8.8：设置 DNS 地址。

6）nmcli connection up ens32：激活新的配置，使上述命令配置生效。

（2）ifconfig 命令。在 Linux 系统中通过 ifconfig 命令进行指定网络接口的 TCP/IP 网络参数设置。ifconfig 命令的基本格式如下：

ifconfig Interface-name ip-address netmask up|down

通过 ifconfig 命令配置网络参数，示例如下：

[root@uos ~]#ifconfig ens32 10.0.10.30 netmask 255.255.255.0 up

将网络接口 ens32 的 IP 地址设置为 10.0.10.30，子网掩码为 255.255.255.0，并启动该接口或将其初始化。用 ifconfig 配置的网络参数仅是临时配置，在使用 systemctl restart network 命令重启网络服务或者主机重启后，网络参数将会恢复至修改前。

使用不带任何参数的 ifconfig 命令可以查看当前系统的网络配置情况。

（3）route 命令。在 Linux 系统中通过 route 命令进行路由查看和配置，主要功能就是管理 Linux 系统内核中的路由表。route 命令的基本格式如下：

route [add|del] [-net|-host] target [netmask Nm] [gw Gw] [dev]

常用参数和选项说明如下：

1）del: 删除一个路由表项。

2）add: 增加一个路由表项。

3）target：配置的目的网段或者主机，可以是 IP，也可以是网络或主机名。

4）netmask Nm: 用来指明要添加的路由表项的子网掩码。

5）gw Gw: 任何通往目的地的 IP 分组都要通过这个网关。

运行不带参数的 route 命令将显示系统路由表，示例如下：

Kernel IP routing table
Destination	Gateway	Genmask	Flags	Metric	Ref	Use	Iface
default	_gateway	0.0.0.0	UG	100	0	0	ens32
10.0.10.0	0.0.0.0	255.255.255.0	U	100	0	0	ens32

通过 route 命令配置路由，示例如下：

route add -net 10.0.20.0 netmask 255.255.255.0 dev ens32

上述命令增加一条路由，目标为 10.0.20.0/24 网络的请求由 ens32 网络接口转发，使用 route 命令配置的路由在主机重启或者网卡重启后就失效了。

（4）ip 命令。主要功能是显示或设置网络设备、路由和隧道的配置等，ip 命令是 Linux 加强版的网络配置工具，用于代替 ifconfig 命令。ip 命令的基本格式如下：

ip（选项）（参数）

以下是几个常用 ip 命令示例。

1）显示网卡信息。

[root@uos ~]#ip addr show
ens32:<BROADCAST,MULTICAST,UP,LOWER_UP>mtu 1500 qdisc fq_codel state UP group   default
　　qlen 1000

```
link/ether  00:50:56:b4:29:55  brd  ff:ff:ff:ff:ff:ff
inet 10.0.10.20/24 brd 10.0.10.255 scope global noprefixroute ens32
valid_lft  forever  preferred_lft forever
inet6  fe80::250:56ff:feb4:2955/64 scope  link  noprefixroute
valid_lft forever preferred_lft forever
```

输出信息说明：

- 接口名称：ens32，表示这是一个名为 ens32 的网络接口。
- 接口状态及属性：状态标志：<BROADCAST,MULTICAST,UP,LOWER_UP> 表示支持广播、多播、接口开启、底层物理链路开启。
- MTU（最大传输单元）：mtu 1500，表示该接口一次能够传输的最大数据包大小为 1500 字节，这是以太网常见的 MTU 值。
- 排队规则（qdisc）：fq_codel，用于管理网络数据包在接口上的排队和发送顺序，fq_codel 有助于在网络拥塞时实现公平的带宽分配和较低的延迟。
- 链路层信息（link/ether）：其中 00:50:56:b4:29:55 是该网络接口的 MAC 地址，是在链路层用于唯一标识该设备的硬件地址；ff:ff:ff:ff:ff:ff 是广播 MAC 地址，用于发送广播数据包。
- IP 地址信息：

a．IPv4 地址：inet 10.0.10.20/24 brd 10.0.10.255 scope global noprefixroute ens32，表示该接口配置了一个 IPv4 地址 10.0.10.20，子网掩码为 /24（即 255.255.255.0），广播地址是 10.0.10.255。scope global 表示该地址的作用范围是全局的（可以与不同网络中的设备通信），noprefixroute 是一种配置选项，这里暂不详细展开其具体影响。

b．IPv6 地址：inet6 fe80::250:56ff:feb4:2955/64 scope link noprefixroute，这里配置了一个 IPv6 链路本地地址 fe80::250:56ff:feb4:2955，子网掩码为 /64，scope link 表示其作用范围仅在本地链路（即与同一链路中的设备通信），同样有 noprefixroute 配置选项。

- 生存期：valid_lft forever preferred_lft forever，说明地址的有效生存期（valid_lft）和首选生存期（preferred_lft）都是永远有效，意味着只要网络配置不变，这个地址就可以一直正常使用。

2）配置 IP 地址。示例：

```
[root@uos ~]#ip addr add 10.0.10.30/255.255.255.0 dev ens32
```

将网络接口 ens32 的 IP 地址设置为 10.0.10.30，子网掩码为 255.255.255.0，与 ifconfig 命令相同，ip 命令配置的网络参数仅是临时配置，在使用 systemctl restart network 命令重启网络服务或者主机重启后，网络参数将会恢复至修改前。

3）查看路由信息。示例：

```
[root@uos ~]#ip route show
 default via 10.0.10.254 dev ens32 proto  static  metric 100
```

10.0.10.0/24 dev ens32 proto kernel scope link src 10.0.10.20 metric 100

4）添加静态路由。示例：

[root@uos ~]#ip route add 10.0.20.0/24 via 10.0.10.20 dev ens32

上述命令增加一条路由，目标为 10.0.20.0/24 网络的请求由 ens32 网络接口转发，使用 ip route 命令配置的路由在主机重启或者网卡重启后就失效了。

19.4 统信 UOS Linux 服务器操作系统文件和目录管理考点梳理

【基础知识点】

1. 统信 UOS Linux 文件系统

Linux 支持多种文件系统，如 ext3、ext4、XFS 等，UOS V20 默认为 XFS 文件系统，XFS 是一个 64 位文件系统，最大支持 8EB 减 1 字节的单个文件。

2. Linux 文件组织和结构

Linux 中的每个分区代表一个文件系统，使用索引节点记录文件信息，包括文件名、位置、大小、时间戳、权限和所属关系等。Linux 支持通过 ln 命令创建文件的新链接，分为软链接（符号链接）和硬链接。其文件系统采用树状结构，以根目录"/"为起点，所有目录和文件都挂载在此结构下，且硬件和软件设备均以文件形式管理。

3. Linux 文件类型与访问权限

（1）Linux 文件名的规则由字母、数字、下划线、圆点组成，最大的长度是 255 个字符。

（2）Linux 文件系统一般包括 5 种基本文件类型，即普通文件、目录文件、链接文件、设备文件和管道文件。

（3）在 Linux 这样的多用户操作系统中，为了保证文件信息的安全，Linux 给每个文件都设定了一定的访问权限。Linux 对文件的访问设定了 3 组权限，即拥有者（owner）、所属组（group）和其他人（others），其中每组身份又拥有各自的读（read）、写（write）、执行（execute）操作权限，这样就形成了 9 种情况，可以用它来确定哪个用户可以通过何种方式对文件和目录进行访问和操作。当用 ls -l 命令显示文件或目录的详细信息时，每一个文件或目录的列表信息分为 4 个部分，其中最左边的一位是第一部分，标识 Linux 操作系统的文件类型，其余 3 部分是 3 组访问权限，每组用 3 位表示，用字母和数字来分别表示读 r（4）、写 w（2）、执行权限 x（1）。如图 19-2 所示。

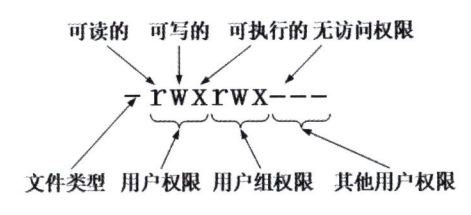

图 19-2　文件权限结构图

19.5 统信 UOS Linux 服务器操作系统防火墙配置考点梳理

【基础知识点】

1. 统信 UOS Linux 防火墙概述

Linux2.4 内核开始提供防火墙软件框架 Netfilter，其前端管理的命令行配置工具有 firewalld、iptables、UFW（Uncomplicated Firewall）；Linux 3.13 以上内核开始增加了新的数据包过滤框架 nftables，使用 nft 前端命令行配置工具，nftables 在逐步取代 Netfilter/iptables 软件框架。UOS 当前版本同时支持这 2 种框架。

2. Linux 系统的动态防火墙管理器（Dynamic Firewall Manager of Linux systems，Firewalld）

Firewalld 服务是 UOS 默认的防火墙配置管理工具，基于 CLI（命令行界面）的配置命令为 firewall-cmd。常用配置示例：

（1）显示当前配置的规则。命令如下：

iptables -nL

（2）配置本机开放 tcp 443 端口，其中 --permanent 表示永久生效。命令如下：

firewall-cmd --permanent --add-port=443/tcp

（3）配置允许源地址 10.0.30.5 访问本机的 tcp 3306 端口。命令如下：

firewall-cmd --permanent --add-rich-rule="rule family="ipv4" source address="10.0.30.5" protocol="tcp" port="3306" accept"

（4）重载配置，使之生效。命令如下：

firewall-cmd --reload

3. iptables

（1）命令配置规则。

iptables [-t table] COMMAND [chain] CRITERIA -j ACTION

参数说明：

- -t：指定规则表，当未指定规则表时，则默认使用 filter 表。
- COMMAND：子命令，定义对规则的管理。
- chain：指定链，如 INPUT、OUTPUT 等。
- CRITERIA：参数。
- ACTION：处理动作。

（2）规则管理（COMMAND）命令。

- -A：添加防火墙规则。
- -D：删除防火墙规则。

- -I：插入防火墙规则。
- -F：清空防火墙规则。
- -L：列出添加防火墙规则。
- -R：替换防火墙规则。
- -Z：清空防火墙数据表统计信息。
- -P：设置链默认规则。

（3）filter 表内置链（chain）。
- INPUT 链：本地服务器接收到的数据包，即外部访问传入防火墙的数据包。
- OUTPUT 链：本地服务器发送的数据包，即防火墙向外发送的数据包。
- FORWARD 链：需要 Linux 内核路由功能（数据包转发功能）时使用。

（4）常用数据包匹配参数（CRITERIA）。
- -p：协议，可以使用"!"运算符进行反向匹配。
- -s：用来匹配数据包的来源 IP 地址。
- -d：用来匹配数据包的目的 IP 地址。
- -i：用来匹配数据包是从哪块网卡进入。
- -o：用来匹配数据包要从哪块网卡送出。
- --sport：用来匹配数据包的源端口。
- --dport：用来匹配数据包的目的地端口号。

（5）处理动作（ACTION）。
- ACCEPT：允许通过。
- REJECT：拒绝通过，丢弃数据包并告知对方被拒绝的响应信息。
- LOG：记录日志信息，然后将数据包传递给下一条规则。
- DROP：拒绝通过，直接将数据包丢弃不做响应。

（6）配置示例。
- 显示当前配置的 iptables 规则。命令如下：iptables -nL

添加一条规则，所有源地址为 10.0.80.10 的数据包拒绝通过。命令如下：

iptables -A INPUT -s 10.0.80.10 -j DROP

添加一条规则，允许外部访问本机的 tcp 80 端口。命令如下：

iptables -A INPUT -p tcp --dport 80 -j ACCEPT

添加一条规则，允许源地址为 10.0.30.5 的主机访问本机的 tcp 3306 端口。命令如下：

iptables -A INPUT -s 10.0.30.5/32 -p tcp -m tcp --dport 3306 -j ACCEPT

- 配置保存生效。命令如下：

service iptables save

19.6　Web 应用服务配置考点梳理

【基础知识点】

在 Linux 操作系统中，常用的 Web 服务软件有 Apache 和 Nginx。

Apache HTTP Server（简称 Apache）是 Apache 软件基金会的一个开放源码的网页服务器软件，支持 Windows、UNIX、Linux、Mac 等多个操作系统平台，因其简单、速度快、性能稳定得到广泛应用。

Nginx 是一款高性能的 HTTP 和反向代理 Web 服务软件，可以在大部分的 UNIX、Linux、Windows 系统运行，一般与其他 Web 中间件配合使用，实现反向代理、负载均衡和缓存功能，由于其内存占用少、启动极快、高并发能力强、支持热部署，在互联网项目中被广泛应用。

19.7　考点实练

1. 在 Linux 操作系统中，主机名到 IP 地址的映射包含在（　　）配置文件中。
   A．/etc/networks　　B．/etc/hostname　　C．/etc/hosts　　D．/etc/resolv.conf

   答案：C

2. 在 Linux 操作系统中，使用 ifconfig 设置接口的 IP 地址并启动该接口的命令是（　　）。
   A．ifconfig eth0 192.168.1.1 mask 255.255.255.0
   B．ifconfig 192.168.1.1 mask 255.255.255.0 up
   C．ifconfig eth0 192.168.1.1 mask 255.255.255.0 up
   D．ifconfig 192.168.1.1 255.255.255.0

   答案：C

3. 下列关于 Linux 目录的描述中，正确的是（　　）。
   A．Linux 只有一个根目录，用"/root"表示
   B．Linux 中有多个根目录，用"/"加相应目录名称表示
   C．Linux 中只有一个根目录，用"/"表示
   D．Linux 中有多个根目录，用相应目录名称表示

   答案：C

4. 在 Linux 操作系统中，可以使用命令（　　）针对文件 newfiles.txt 为所有用户添加执行权限。
   A．chmod -x newfiles.txt　　　　　B．chmod +x newfiles.txt
   C．chmod -w newfiles.txt　　　　　D．chmod +w newfiles.txt

   答案：B

5．Linux 操作系统的运行日志存储的目录是（　　）。

　　A．/var/log　　　　B．/usr/log　　　　C．/etc/log　　　　D．/tmp/log

答案：A

6．防火墙的安全规则由匹配条件和处理方式两部分组成。当网络流量与当前的规则匹配时，就必须采用规则中的处理方式进行处理。其中，拒绝数据包或信息通过，并且通知信息源该信息被禁止的处理方式是（　　）。

　　A．Accept　　　　B．Reject　　　　C．Refuse　　　　D．Drop

答案：B

第 20 章
华为 VRP 系统知识点梳理及考点实练

20.0 章节考点分析

第 20 章主要学习华为 VRP 系统基础内容。

根据考试大纲，本章知识点会涉及单项选择题，预计分值 0~1 分。本章内容侧重于概念知识，属于简单的扩展内容。本章的架构如图 20-1 所示。

```
华为VRP系统 ── VRP基础知识 ── 通用路由平台
                            ── 用户级别和命令级别
                            ── 登录设备界面的方式
            ── VRP命令行基础 ── 命令行视图
                            ── Tab键的使用
                            ── 命令行的在线帮助
                            ── 使用undo命令行
```

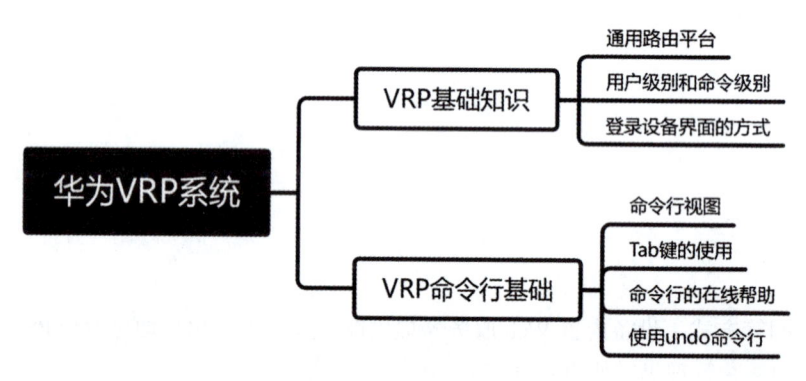

图 20-1 本章的架构

【导读小贴士】

VRP 是华为网络设备的关键支撑平台，网络工程师应深悟其架构、级别关系及登录方式，以精确配置华为设备，构建起稳固流畅的网络环境，确保通信链路时刻保持畅通无阻，各类业务得以高效、稳定地运行。

20.1 VRP 基础知识考点梳理

【基础知识点】

1. 通用路由平台

通用路由平台（Versatile Routing Platform，VRP）构成了华为公司数据通信产品的核心操作系统平台。该平台以互联网协议（IP）业务为重心，采用模块化的架构设计，为华为公司从入门级到核心层的全系列路由器、以太网交换机以及业务网关等产品提供了软件核心引擎。

2. 用户级别和命令级别

用户级别和命令级别对应关系见表 20-1。

表 20-1 用户级别和命令级别对应关系

用户级别	命令级别	名称	说明
0	0	参观级	可利用网络诊断工具（如 ping、tracert）、访问外部设备命令（如 telnet、ssh）
1	0，1	监控级	用于系统维护、业务故障诊断的命令（如 debugging）
2	0，1，2	配置级	用户可通过业务配置命令，如路由和网络层次命令，获得直接网络服务
3～15	0，1，2，3	管理级	系统运行依赖于一系列支持业务操作的命令，包括文件管理、FTP 服务、命令行配置及故障排查调试命令

3. 登录设备界面的方式

登录设备界面的方式有命令行方式（Command Line Interface，CLI）和 Web 网管方式两种。

（1）CLI 方式：通过 Console 口、Telnet、STelnet 等方式登录设备的命令行界面后对设备进行配置和管理。交换机 Console 端口的默认参数：端口传输速率为 9600b/s、数据位为 8、奇偶校验无、停止位为 1、流控无。

（2）Web 网管方式：设备内置 Web 服务器提供图形化界面，用户通过 HTTPS 登录后可进行管理和维护，但复杂管理仍需使用 CLI 方式。

20.2 VRP 命令行基础考点梳理

【基础知识点】

1. 命令行视图

配置某一功能时，需首先进入对应的命令行视图，然后执行相应的命令进行配置。从系统视图返回用户视图使用 quit 命令，从除系统视图外的任意的非用户视图返回用户视图使用 return 或"Ctrl+Z"组合键。

```
<Huawei>                                    // 用户视图
<Huawei>system-view                         // 输入 system-view 命令后按回车键进入系统视图
[Huawei]interface GigabitEthernet 0/0/1     // 在系统视图进入接口视图
[Huawei-GigabitEthernet0/0/1]
[Huawei]ospf 45                             // 在系统视图下进入协议视图
[Huawei-ospf-45]area 0                      // 在协议视图进入 OSPF 区域 0 视图
[Huawei-ospf-45-area-0.0.0.0]
```

2. Tab 键的使用

（1）如果与之匹配的关键字唯一，按下 <Tab> 键，系统自动补全关键字，补全后，反复按 <Tab> 键，关键字不变。

```
[Huawei]int
[Huawei]interface                           // 按下 Tab 键
```

（2）如果与之匹配的关键字不唯一，反复按 <Tab> 键可循环显示所有以输入字符串开头的关键字。

```
<Huawei>undo                                // 按下 Tab 键
<Huawei>undelete                            // 继续按 Tab 键循环翻词
<Huawei>unzip
```

3. 命令行的在线帮助

用户在使用命令行时，可以使用在线帮助以获取实时帮助，从而无须记忆大量的复杂的命令。命令行在线帮助可分为完全帮助和部分帮助，可通过输入"?"实现。

（1）完全帮助：用户输入命令时，可通过命令行完全帮助获取所有关键字和参数提示。

```
[Huawei]?
System view commands:
    aaa                    AAA
    acl                    Specify ACL configuration information
    alarm                  Enter the alarm view
    anti-attack            Specify anti-attack configurations
    application-apperceive Set application-apperceive information
    arp                    ARP module
    ……
```

（2）部分帮助：用户输入命令时，若仅记得关键字的开头部分字符，可通过部分帮助功能获取以该字符串开头的所有命令提示。

```
[Huawei]aaa
[Huawei-aaa]auth?
  authentication-scheme        authorization-scheme
```

4. 使用 undo 命令行

在命令前加 undo 关键字，即为 undo 命令行。undo 命令行一般用来恢复缺省情况、禁用某个功能或者删除某项配置。

（1）使用 undo 命令行恢复缺省情况。

```
<Huawei>system-view
[Huawei]sysname SW1
[SW1]undo sysname
[Huawei]
```

（2）使用 undo 命令禁用某个功能。

```
<Huawei>system-view
[Huawei]undo info-center enable
Info: Information center is disabled
```

（3）使用 undo 命令删除某项设置。

```
[Huawei]ospf 1
[Huawei-ospf-1]area 0
[Huawei-ospf-1-area-0.0.0.0]network 192.168.100.100 0.0.0.0
[Huawei-ospf-1-area-0.0.0.0]undo network 192.168.100.100 0.0.0.0
[Huawei-ospf-1-area-0.0.0.0]
```

20.3 考点实练

1. 交换机 Console 口默认的数据速率为（   ）。
   A．2400b/s　　　　B．4800b/s　　　　C．9600b/s　　　　D．10Mb/s

答案：C

2. 华为网络设备支持（   ）个用户同时使用 Console 口登录。
   A．0　　　　　　　B．1　　　　　　　C．2　　　　　　　D．4

答案：B

第 21 章

以太网交换概述知识点梳理及考点实练

21.0 章节考点分析

第 21 章主要学习以太网交换机技术、二层与三层交换机技术原理等内容。

根据考试大纲，本章知识点会涉及单项选择题，预计分值 2~3 分。本章内容侧重于概念知识，多数参照教材。本章的架构如图 21-1 所示。

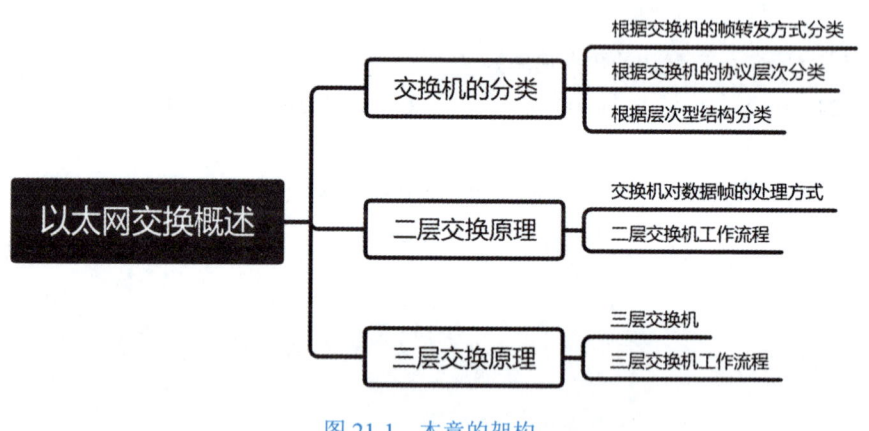

图 21-1 本章的架构

【导读小贴士】

交换机是网络架构的关键组件，网络工程师应熟知其分类依据、二层交换基于 MAC 地址的数据帧处理流程以及三层交换在不同 VLAN 间的 IP 互访机制，从而构建高效稳定、层次分明的网络交换体系，为网络数据的精准传输与快速交换筑牢根基。

21.1 交换机的分类考点梳理

【基础知识点】

1. 根据交换机的帧转发方式分类

（1）直通式交换机：在输入端口扫描到目标地址后立即开始转发。这种交换方式的优点是延迟小、交换速度快，缺点是没有检错能力，不能实现非对称交换，并且当交换机的端口增加时，交换矩阵实现起来比较困难。

（2）存储转发式交换机：交换机对输入的数据包先进行缓存、验证、碎片过滤，然后再进行转发。这种交换方式延迟大，但可以提供差错校验，并支持不同速度的输入、输出端口间的交换（非对称交换），是交换机的主流工作方式。

（3）碎片过滤式交换机：这是一种结合直通式和存储转发式的交换机解决方案，它在转发数据包前会检查长度，若小于 64 字节则丢弃，大于等于 64 字节则转发。这种处理速度适中，常用于中低档交换机。

2. 根据交换机的协议层次分类

（1）二层交换机：根据 MAC 地址进行交换。

（2）三层交换机：根据 IP 地址进行交换。

（3）多层交换机：根据第四层端口号或应用协议进行交换。

3. 根据层次型结构分类

根据层次型结构划分为接入层交换机、汇聚层交换机和核心层交换机。网络的分层结构把复杂的大型网络分解为多个容易管理的小型网络，每一层交换设备分别实现不同的特定任务。

21.2 二层交换原理考点梳理

【基础知识点】

1. 交换机对数据帧的处理方式

（1）转发：交换机将接收到的帧从一个端口转发至另一个端口。

（2）泛洪：交换机接收帧后，会将其从除接收端口外的所有端口转发出去。

（3）丢弃：交换机丢弃进来的帧。

2. 二层交换机工作流程

（1）二层交换设备工作在数据链路层，它对数据包的转发是建立在 MAC 地址基础之上。

（2）二层交换设备通过解析和学习以太网帧的源 MAC 来维护 MAC 地址表，通过其目

MAC 来查找 MAC 表决定向哪个接口转发。

（3）基本工作流程如下：

1）二层交换机接收到以太网帧后，记录源 MAC 和入接口，若 MAC 地址表中已有源 MAC 地址与对应接口记录，更新其老化时间，若无，则添加新记录。

2）若目的 MAC 非广播地址，查 MAC 表转发；若无匹配项，则向所有非入接口转发。

3）若目的 MAC 是广播地址，则向所有非入接口转发。

21.3　三层交换原理考点梳理

【基础知识点】

1. 三层交换机

随着网络通信和业务的增长，对网络互访的需求增加，但传统路由器因成本高、性能低、接口少等限制，难以满足需求。因此，出现了能实现高速三层转发的三层交换机。路由器的三层转发主要依靠 CPU，而三层交换机的三层转发依靠硬件。三层交换机并不能完全替代路由器。

2. 三层交换机工作流程

三层交换机通过 VLAN 划分网络，实现二层交换和不同 VLAN 间三层 IP 互访。三层交换机不同网络的主机之间通信的流程如下：

（1）源主机比较自己与目的主机的 IP 地址，若在同一网段，则直接发送 ARP 请求获取目的主机的 MAC 地址，并用此地址作为报文的目的 MAC 地址进行发送。

（2）当 IP 地址位于不同网络时，设备会通过网关进行通信，通过发送 ARP 请求来获取网关的 MAC 地址，并使用该地址作为目标 MAC 来发送数据包。

21.4　考点实练

1. 以下关于直通式交换机和存储转发式交换机的叙述中，正确的是（　　）。

　　A．存储转发式交换机采用软件实现交换

　　B．直通式交换机存在坏帧传播的风险

　　C．存储转发式交换机无须进行 CRC 校验

　　D．直通式交换机比存储转发式交换机交换速度慢

答案：B

2. 两台交换机的光口对接，其中一台设备的光口 UP，另一台设备的光口 DOWN，定位此类故障的思路包括（　　）。

①光纤是否交叉对接

②两端使用的光模块波长和速率是否一样

③两端 COMBO 口是否都设置为光口

④两个光口是否未同时配置自协商或者强制协商

  A．①②③④ B．②③④ C．②③ D．①③④

答案： A

3．当交换机收到一个帧，其目的 MAC 地址不在转发表中，则交换机将（　　）。

  A．洪泛该帧到其他所有端口 B．丢弃该帧

  C．在输入端口复制该帧 D．在上联端口复制该帧

答案： A

第 22 章
以太网交换基础配置知识点梳理及考点实练

22.0 章节考点分析

第 22 章主要学习以太网交换机基础配置、VLAN 配置等内容。

根据考试大纲，本章知识点会涉及单项选择题与案例分析题，单项选择题预计分值 2~3 分。本章内容侧重于概念知识，多数参照教材。本章的架构如图 22-1 所示。

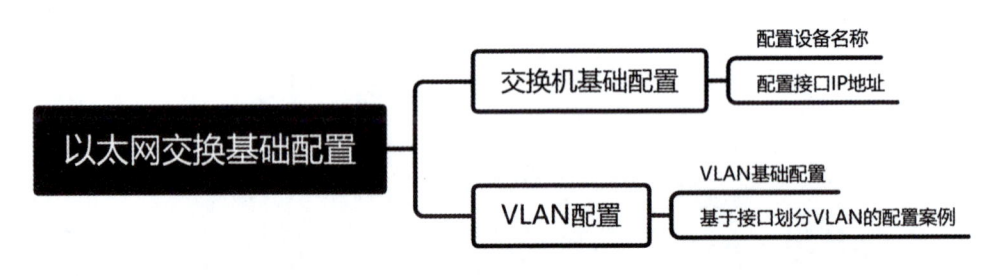

图 22-1 本章的架构

【导读小贴士】

交换机配置是构建局域网络的关键环节，网络工程师应熟练掌握基础配置中设备名称与接口 IP 的配置，精通 VLAN 多样配置方式及应用案例，从而搭建安全有序、通信高效的局域网环境，为网络数据的精准传输与用户的有效隔离管理奠定坚实基础。

22.1 交换机基础配置考点梳理

【基础知识点】

1. 配置设备名称

<Huawei>system-view
[Huawei]sysname net32h
[net32h]quit

2. 配置接口 IP 地址

[net32h]interface GigabitEthernet 0/0/1
[net32h-GigabitEthernet0/0/1]ip address 192.168.1.254 24

22.2 VLAN 配置考点梳理

【基础知识点】

1. VLAN 基础配置

（1）创建 VLAN 50。

[net32h]vlan 50

（2）批量创建 VLAN 10、20、30、40-49。

[net32h]vlan batch 10 20 30 40 to 49

（3）基于接口划分 VLAN。

1）将 GigabitEthernet 0/0/1 设置成 access 口，并加入 VLAN 10 中。

[net32h]interface GigabitEthernet 0/0/1
[net32h-GigabitEthernet0/0/1]port link-type access
[net32h-GigabitEthernet0/0/1]port default vlan 10
[net32h-GigabitEthernet0/0/1]quit

2）将 GigabitEthernet 0/0/2 设置成 trunk 口，允许 VLAN 20 通过。

[net32h]interface GigabitEthernet 0/0/2
[net32h-GigabitEthernet0/0/2]port link-type trunk
[net32h-GigabitEthernet0/0/2]port trunk allow-pass vlan 20
[net32h-GigabitEthernet0/0/2]quit

（4）基于 MAC 地址划分 VLAN。

不需要关注终端用户的物理位置，提高了终端用户的安全性和接入的灵活性。主要配置如下：

[net32h]vlan 10
[net32h-vlan10]mac-vlan mac-address 0011-0012-0013

[net32h-vlan10]quit
[net32h]interface GigabitEthernet 0/0/1
[net32h-GigabitEthernet0/0/1]mac-vlan enable
[net32h-GigabitEthernet0/0/1]quit

2. 基于接口划分 VLAN 的配置案例

需求：在交换机上配置基于接口划分 VLAN，把业务相同的用户的接口划分到同一 VLAN。不同 VLAN 的用户不能进行二层通信，同一 VLAN 内的用户可以直接通信。拓扑如图 22-2 所示。

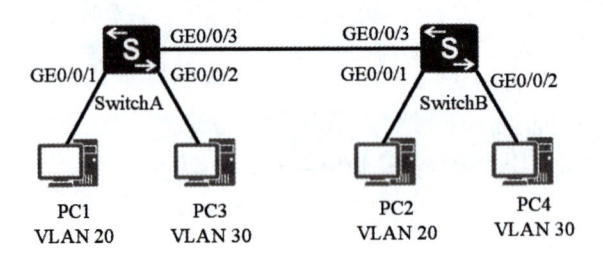

图 22-2　基于接口划分 VLAN

主要配置如下。

（1）以 SwitchA 为例，在 SwitchA 创建 VLAN 20 和 VLAN 30，并将连接用户的接口分别加入对应 VLAN 中。

[SwitchA]vlan batch 20 30
[SwitchA]interface GigabitEthernet0/0/1
[SwitchA-GigabitEthernet0/0/1]port link-type access
[SwitchA-GigabitEthernet0/0/1]port default vlan 20
[SwitchA-GigabitEthernet0/0/1]quit
[SwitchA] interface GigabitEthernet0/0/2
[SwitchA-GigabitEthernet0/0/2]port link-type access
[SwitchA-GigabitEthernet0/0/2]port default vlan 30
[SwitchA-GigabitEthernet0/0/2]quit

（2）以 SwitchA 为例，配置 SwitchA 上与 SwitchB 连接的接口类型及通过的 VLAN。

[SwitchA]interface GigabitEthernet0/0/3
[SwitchA-GigabitEthernet0/0/3]port link-type trunk
[SwitchA-GigabitEthernet0/0/3]port trunk allow-pass vlan 20 30

22.3　考点实练

1．以太网链路聚合技术是将（　　）。
　　A．多个逻辑链路聚合成一个物理链路　　B．多个逻辑链路聚合成一个逻辑链路

C．多个物理链路聚合成一个物理链路　　D．多个物理链路聚合成一个逻辑链路

答案： D

2．VLAN 配置命令 port-isolate enable 的含义是（1），配置命令 port trunk allow-pass vlan10 to 30 的含义是（2）。

（1）A．不同 VLAN 二层互通　　　　　B．同一 VLAN 下二层隔离

　　　C．同一 VLAN 下三层隔离　　　　　D．不同 VLAN 三层互通

（2）A．配置接口属于 VLAN10-VLAN30

　　　B．配置接口属于 VLAN10、VLAN30

　　　C．配置接口不属于 VLAN10-VLAN30

　　　D．配置接口不属于 VLAN10、VLAN30

答案：（1）B　（2）A

3．如果想在交换机上查看目前存在哪些 VLAN，则需要用到如下哪一个命令？（　　）

　　A．[SWA]display vlan al　　　　　B．[SWA]display vlan

　　C．[SWA]display vlan 1　　　　　D．[SWA]display vlan 2

答案： B

第 23 章

以太网交换高级配置知识点梳理及考点实练

23.0 章节考点分析

第 23 章主要学习以太网交换的一些扩展配置内容。

根据考试大纲，本章知识点会涉及单项选择题与案例分析题，单项选择题预计分值 1～3 分。本章内容侧重于概念知识，多数参照教材。本章的架构如图 23-1 所示。

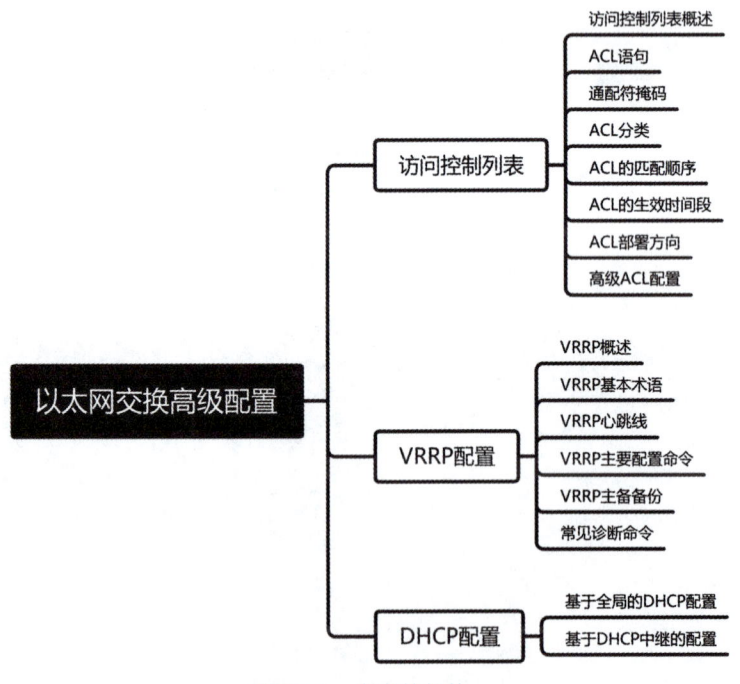

```
以太网交换高级配置
├── 访问控制列表
│   ├── 访问控制列表概述
│   ├── ACL 语句
│   ├── 通配符掩码
│   ├── ACL 分类
│   ├── ACL 的匹配顺序
│   ├── ACL 的生效时间段
│   ├── ACL 部署方向
│   └── 高级 ACL 配置
├── VRRP 配置
│   ├── VRRP 概述
│   ├── VRRP 基本术语
│   ├── VRRP 心跳线
│   ├── VRRP 主要配置命令
│   ├── VRRP 主备备份
│   └── 常见诊断命令
└── DHCP 配置
    ├── 基于全局的 DHCP 配置
    └── 基于 DHCP 中继的配置
```

图 23-1 本章的架构

【导读小贴士】

网络工程师应当深入研究访问控制列表以确保网络安全，精通虚拟路由冗余协议（VRRP）以实现网络的冗余备份，以及熟练掌握动态主机配置协议（DHCP）以助力高效地址分配。通过全面运用这些技术，可以构建性能卓越、稳定可靠的网络环境，确保数据传输和业务流程的顺畅进行。

23.1 访问控制列表考点梳理

【基础知识点】

1. 访问控制列表概述

访问控制列表（Access Control List，ACL）是一组规则，用于过滤网络报文。规则确定报文匹配条件，如地址和端口。ACL 作为过滤器，决定报文是否通过。配置 ACL 后，需在业务模块中应用才能生效，如简化流策略或特定模块如 Telnet、FTP。ACL 精确控制网络流量，保障网络安全和服务质量。

2. ACL 语句

```
acl 2009
rule 5 deny source 192.168.1.0 0.0.0.255
rule 10 deny source 192.168.2.0 0.0.0.255
rule 15 permit source 192.168.4.0 0.0.0.255
rule 20 permit source 10.1.1.0 0.0.0.255 time-range net32h
```

在命令行中，数字 5、10、15、20 代表规则编号，动作包括 permit（允许）和 deny（拒绝）。源地址匹配为 192.168.1.0/24 网段，且配置了 net32h 时间段。规则编号 5、10、15、20，相邻编号差值默认为 5，便于添加新规则。

3. 通配符掩码

（1）当进行 IP 地址匹配的时候，后面会跟着 32 位掩码位，这 32 位称为通配符，如 source 192.168.2.0 0.0.0.255 中的 0.0.0.255。匹配规则是只检查 0 所对应的二进制位。通配符掩码中的"0"和"1"可以不连续。

（2）计算方法如下：

1）192.168.1.0/24 网段对应的通配符的计算方法是用 255.255.255.255 减去 255.255.255.0 得到 0.0.0.255。

2）100.100.2.0 0.0.254.255，IP 地址换为二进制是 01100100.01100100.00000010.00000000，通配符 0.0.254.255 转化成二进制是 00000000.00000000.11111110.11111111，表示的是 100.100.0.0/24 ～ 100.100.254.0/24 网段之间且第三个字节为偶数的 IP 地址，如 100.100.0.0/24、100.100.2.0/24 等。

129

4. ACL 分类

（1）基于规则的 ACL 分类，见表 23-1。

表 23-1　基于规则的 ACL 分类

分类	编号范围	规则定义描述
基本 ACL	2000～2999	使用报文的源 IP 地址、生效时间段
高级 ACL	3000～3999	使用 IPv4 报文的源 / 目的 IP 地址、IP 协议类型、ICMP 类型、TCP 源 / 目的端口号、UDP 源 / 目的端口号、生效时间段
二层 ACL	4000～4999	使用源 MAC 地址、目的 MAC 地址、二层协议类型来进行规则定义

（2）基于标识方法的 ACL 分类，见表 23-2。

表 23-2　基于标识方法的 ACL 分类

分类	规则定义描述
数字型 ACL	创建 ACL 时，指定一个唯一的数字标识，如 acl 2000
命名型 ACL	通过名称代替编号来标识 ACL，如 acl name net32h 2000，创建名称为 net32h 的 ACL，编号为 2000

5. ACL 的匹配顺序

华为设备支持两种匹配顺序：自动排序（auto 模式）和配置顺序（config 模式）。默认的 ACL 匹配顺序是配置顺序。

（1）自动排序是指系统使用"深度优先"的原则，按照精确度从高到低进行排序和匹配。

（2）配置顺序是指系统按照 ACL 规则编号从小到大的顺序进行报文匹配，规则编号越小越容易被匹配。

6. ACL 的生效时间段

（1）生效时间段存在两种模式。

1）周期时间段：以星期为单位来定义时间范围，表示规则以一周为周期（如每周一的 9 至 12 点）循环生效。

2）绝对时间段：从某年某月某日的某个时间开始，到某年某月某日的某个时间结束，表示规则在这段时间范围内生效。

使用同一名称配置内容不同的多个时间段，最终生效的时间范围是配置的各周期时间段之间以及各绝对时间段之间的交集部分。

（2）配置 ACL 的生效时间段。配置 ACL 的生效时间段可以规定 ACL 规则在何时生效。在 acl 2999 中引用了时间段 net32h，net32h 包含了 3 个时间段，配置命令如下：

```
[Huawei]time-range net32h 09:00 to 17:00 working-day
[Huawei]time-range net32h 14:30 to 17:00 off-day
[Huawei]time-range net32h from 00:00 2024/01/01 to 23:59 2024/12/31
```

[Huawei]acl 2999

[Huawei-acl-basic-2999]rule 5 permit time-range net32h

时间段"net32h"的生效时间范围是 2024 年的周一到周五每天 9:00 到 17:00 以及周六和周日 14:30 到 17:00。

7. ACL 部署方向

ACL 部署方向如图 23-2 所示。

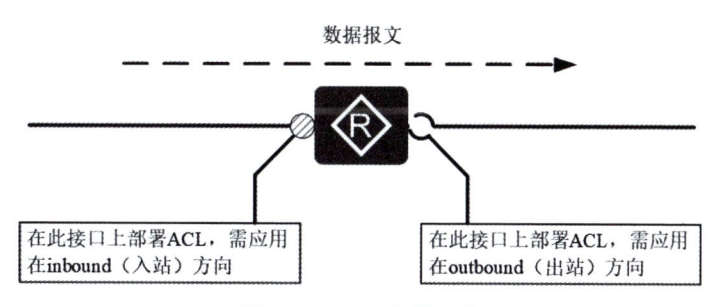

图 23-2 ACL 部署方向

8. 高级 ACL 配置

（1）创建高级 ACL 3001 并配置 ACL 规则，拒绝 10.1.1.0/24 访问 10.1.2.0/24。

[SwitchA] acl 3001

[SwitchA-acl-adv-3001] rule deny ip source 10.1.1.0 0.0.0.255 destination 10.1.2.0 0.0.0.255

（2）在 ACL 3999 中配置规则，拒绝 IP 地址是 192.168.100.109 的主机与 192.168.200.0/24 网段的主机建立 Telnet 连接。

<SwitchA> system-view

[SwitchA] acl 3999

[SwitchA-acl-adv-net32h] rule deny tcp destination-port eq telnet source 192.168.100.109 0 destination 192.168.200.0 0.0.0.255

（3）在接口 GE0/0/1 入方向配置流量过滤。

[SwitchA] interface GigabitEthernet 0/0/1

[SwitchA-GigabitEthernet0/0/1] traffic-filter inbound acl 3001

[SwitchA-GigabitEthernet0/0/1] quit

23.2 VRRP 配置考点梳理

【基础知识点】

1. VRRP 概述

虚拟路由冗余协议（Virtual Router Redundancy Protocol，VRRP）允许多台路由器协同工作，

表现为单一虚拟路由器,用户将默认网关设置为虚拟路由器的 IP 地址,以保证网络连接的连续性。当主路由器发生故障时,VRRP 能够迅速切换到备用路由器,确保网络的稳定运行。VRRP 报文通过 IP 报文传输,其源地址为主路由器 IP,目的地址为 224.0.0.18,TTL 值设为 255,协议号为 112。VRRP 有两个版本,一个版本为 VRRPv2,另一个版本为 VRRPv3。VRRPv2 仅支持 IPv4,而 VRRPv3 支持 IPv4 和 IPv6,但 VRRPv3 不提供认证功能,VRRPv2 则有认证机制。

2. VRRP 基本术语

VRRP 基本术语如图 23-3 所示。

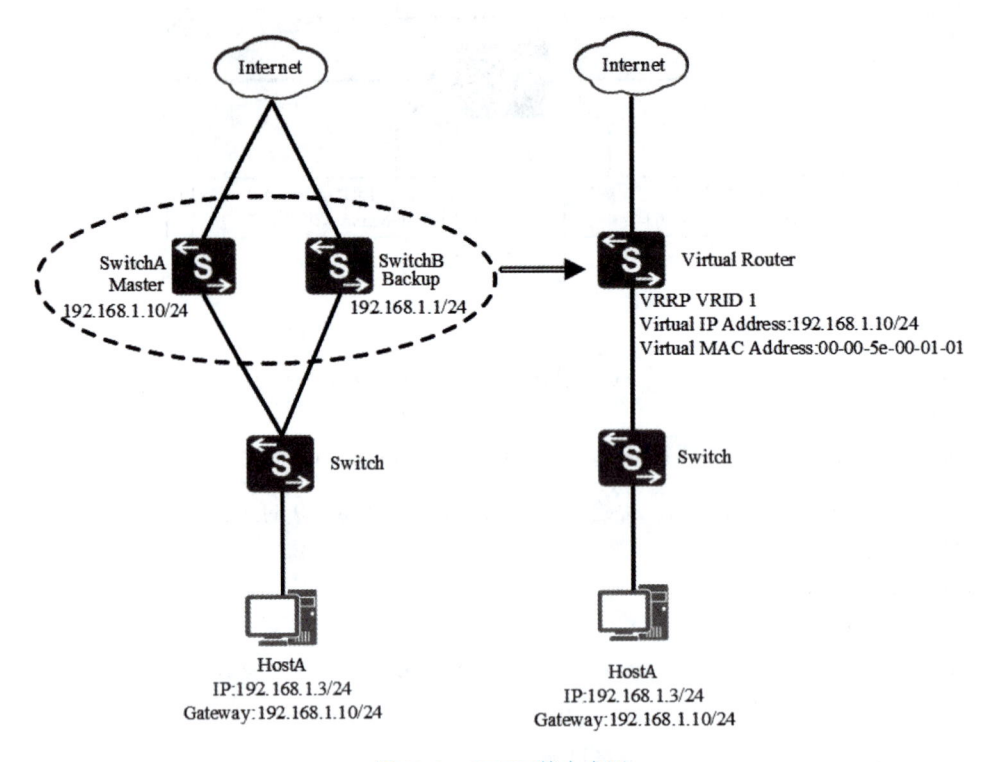

图 23-3　VRRP 基本术语

(1) Master 路由器:承担转发报文任务的 VRRP 设备,如 SwitchA。

(2) Backup 路由器:没有承担转发任务的 VRRP 设备,如 SwitchB。

(3) 虚拟路由器的标识(VRID):如 SwitchA 和 SwitchB 组成的虚拟路由器的 VRID 为 1。属于同一个 VRRP 组的路由器之间交互 VRRP 协议报文并产生一台虚拟"路由器"。一个 VRRP 组中只能出现一台 Master 路由器。

(4) 虚拟 IP 地址:虚拟路由器的 IP 地址,一个虚拟路由器可以有一个或多个 IP 地址,由用户配置,如 SwitchA 和 SwitchB 组成的虚拟路由器的虚拟 IP 地址为 192.168.1.10/24,即用户网关的地址。不同备份组之间的虚拟 IP 地址不能重复,并且必须和接口的 IP 地址在同一网段。

（5）虚拟 MAC 地址：虚拟路由器根据 VRID 生成的 MAC 地址。一个虚拟路由器拥有一个虚拟 MAC 地址，格式为：00-00-5E-00-01-{VRID} 或 00-00-5E-00-02-{VRID}(VRRP for IPv6)，如 SwitchA 和 SwitchB 组成的虚拟路由器的 VRID 为 3，因此这个 VRRP 备份组的 MAC 地址为 00-00-5E-00-01-03。

（6）IP 地址拥有者：如果一个 VRRP 设备将虚拟路由器 IP 地址作为真实的接口地址，则该设备被称为 IP 地址拥有者。如果 IP 地址拥有者是可用的，通常它将成为 Master，如 SwitchA，其接口的 IP 地址与虚拟路由器的 IP 地址相同，均为 192.168.1.10/24，因此它是这个 VRRP 备份组的 IP 地址拥有者。

3. VRRP 心跳线

若与用户相连的 Switch 不能转发 VRRP 协议报文，或者为了防止 VRRP 协议报文所经过的链路不通或不稳定，可以在主备设备部署一条心跳线，用于传递 VRRP 协议报文。

4. VRRP 主要配置命令

（1）vrrp vrid preempt-mode timer delay。用来配置 VRRP 备份组中交换机的抢占延迟时间，取值范围是 0 ~ 3600 的整数，单位是 s，默认是 0s。建议将 Backup 配置为立即抢占，而将 Master 配置为延时抢占，并且配置 15s 以上的延迟时间。目的是在网络环境不稳定时，避免由于双方频繁抢占导致用户设备学习到错误的 Master 设备地址而导致流量中断问题。

（2）vrrp vrid priority。

1）用来配置设备在 VRRP 备份组中的优先级，取值范围为 1 ~ 254 的整数，默认是 100。优先级 0 是系统保留作为特殊用途的，优先级值 255 保留给 IP 地址拥有者。

2) VRRP 备份组中设备优先级取值相同的情况下，先切换至 Master 状态的设备为 Master 设备，其余 Backup 设备不再进行抢占；如果同时竞争 Master，则比较 VRRP 备份组所在接口的 IP 地址，IP 地址大的设备当选为 Master 设备。

（3）vrrp vrid track interface。用来配置 VRRP 与接口状态联动监视接口功能。VRRP 只能感知其所在接口的状态变化，VRRP 无法感知上行接口出现故障。配置 VRRP 监视接口状态可以对 VRRP 上非备份组内的接口状态进行监视。如果设备是 IP 地址拥有者，则不允许对其配置监视接口。

5. VRRP 主备备份

需求：HostA 通过 Switch 双归属到 SwitchA 和 SwitchB。在 SwitchA 和 SwitchB 上配置 VRRP 主备备份功能。主机以 SwitchA 为默认网关接入 Internet，当 SwitchA 故障时，SwitchB 接替 SwitchA 作为网关继续进行工作，实现网关的冗余备份。SwitchA 故障恢复后，其延时 20s 通过抢占的方式重新成为 Master，承担数据传输。拓扑如图 23-4 所示。

VRRP 主要配置如下：

（1）在 SwitchA 上创建 VRRP 备份组 1，配置 SwitchA 在该备份组中的优先级为 120，并配置抢占时间为 20s。

```
[SwitchA] interface vlanif 100
[SwitchA-Vlanif100] vrrp vrid 1 virtual-ip 10.10.10.111
[SwitchA-Vlanif100] vrrp vrid 1 priority 120
[SwitchA-Vlanif100] vrrp vrid 1 preempt-mode timer delay 20
[SwitchA-Vlanif100] quit
```

（2）在 SwitchB 上创建 VRRP 备份组 1，其在该备份组中的优先级为缺省值 100。

```
[SwitchB] interface vlanif 100
[SwitchB-Vlanif100] vrrp vrid 1 virtual-ip 10.10.10.111
[SwitchB-Vlanif100] quit
```

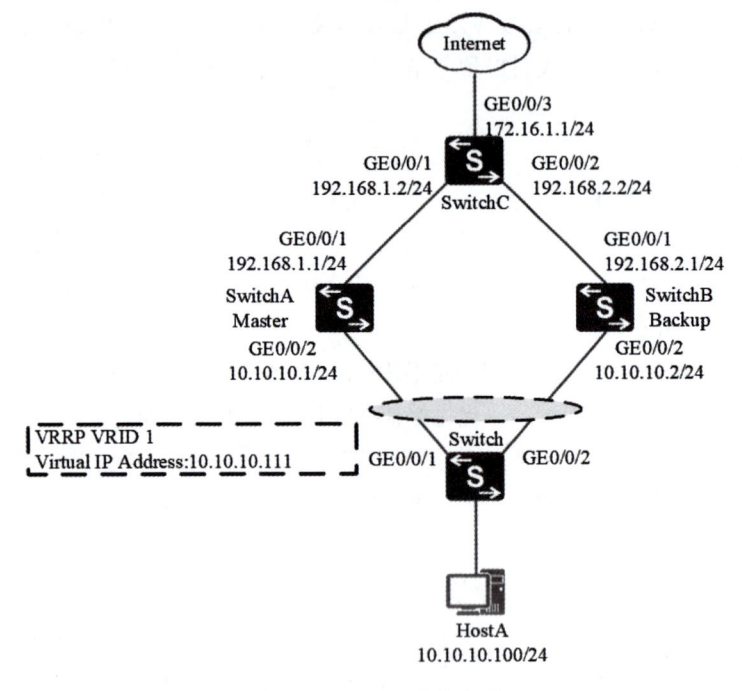

图 23-4　VRRP 主备备份

6. 常见诊断命令

（1）display vrrp 用来查看当前 VRRP 备份组的状态信息和配置参数。主要内容如下所示：

```
<SwitchA> display vrrp
  Vlanif100 | Virtual Router 1
    State : Master                  // 当前状态是 Master
    Virtual IP : 10.10.10.111       // 虚拟 IP 地址是 10.10.10.111
    Master IP : 10.10.10.1          //Master 设备上该 VRRP 备份组所在接口的主 IP 地址
    PriorityRun : 120               //VRRP 备份组运行时当前交换机的优先级。IP 地址拥有者的
                                    // 优先级为 255
```

```
    PriorityConfig : 120              // VRRP 备份组中该交换机配置的优先级
    MasterPriority : 120              // 该备份组中 Master 设备的优先级。IP 地址拥有者的优先级为 255
    Preempt : YES                     //YES 是采用抢占方式
    Delay Time : 20 s                 // 抢占延迟 20s
    TimerRun : 1 s                    // Master 发送广播报文的时间间隔
    TimerConfig : 1 s                 // 配置的 Master 设备发送广播报文的时间间隔
    Auth type : NONE                  //VRRP 报文认证方式是空
    Virtual MAC : 0000-5e00-0101      // 虚拟 MAC 地址
    Check TTL : YES                   // 检测 VRRP 报文的 TTL 值
    Config type : normal-vrrp         // 普通 VRRP 备份组
    Backup-forward : disabled         // 去使能 Backup 设备转发业务流量功能
    ……
```

（2）display vrrp brief 显示所有 VRRP 备份组的简要信息，如下所示：

```
<SwitchA> display vrrp brief
Total:1    Master:0    Backup:0    Non-active:1
VRID    State         Interface       Type         Virtual IP
--------------------------------------------------------------
1       Initialize    Vlanif100       Normal       10.10.10.111
```

1）State 为 Initialize，指的是当接口的状态为 Down 或 Administratively Down 时，VRRP 备份组的状态切换到 Initialize。所有 VRRP 备份组初始状态均为 Initialize。

2）Type 有 3 种取值。

- normal-vrrp：普通 VRRP 备份组。
- admin-vrrp：管理 VRRP 备份组。
- member-vrrp：业务 VRRP 备份组。

（3）display vrrp statistics 用来查看 VRRP 备份组的报文收发统计信息。

23.3　DHCP 配置考点梳理

【基础知识点】

1. 基于全局的 DHCP 配置

（1）配置全局地址池 net32h 中的 IP 地址池和相关网络参数。

```
[Switch] ip pool net32h
[Switch-ip-pool-net32h] network 192.168.1.0 mask 255.255.255.0
[Switch-ip-pool-net32h] dns-list 114.114.114.114
[Switch-ip-pool-net32h] gateway-list 192.168.1.1
[Switch-ip-pool-net32h] lease day 10
[Switch-ip-pool-net32h] quit
```

（2）在 GigabitEthernet 0/0/0 接口下使能 DHCP 服务器。

[Switch] interface GigabitEthernet 0/0/0
[Switch-GigabitEthernet0/0/0] dhcp select global
[Switch-GigabitEthernet0/0/0] quit

2. 基于 DHCP 中继的配置

需求：在汇聚层交换机 SwitchA 上配置 DHCP 中继，实现设备作为 DHCP 中继转发终端与 DHCP 服务器之间的 DHCP 报文。在核心层交换机 SwitchB 上，配置基于全局地址池的 DHCP 服务器，实现 DHCP 服务器从全局地址池中选择 IP 地址分配给客户端。拓扑如图 23-5 所示。

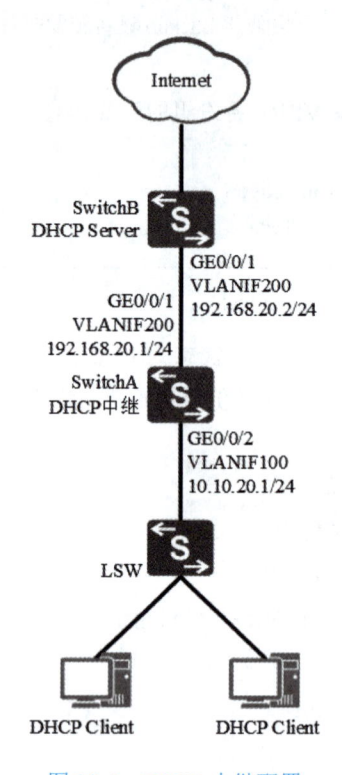

图 23-5　DHCP 中继配置

主要配置如下：

（1）在接口下使能 DHCP 中继功能。

[SwitchA]dhcp enable   // 使能 DHCP 服务，缺省未使能
[SwitchA]interface vlanif 100
[SwitchA-Vlanif100]ip address 10.10.20.1 24
[SwitchA-Vlanif100]dhcp select relay
[SwitchA-Vlanif100]dhcp relay server-ip 192.168.20.2   // 配置 DHCP 中继代理的 DHCP 服务器的 IP 地址
[SwitchA-Vlanif100]quit

（2）在 SwitchB 上配置基于全局地址池的 DHCP 服务器功能。

[SwitchB]dhcp enable
[SwitchB]vlan 200
[SwitchB-vlan200]quit
[SwitchB]interface gigabitEthernet 0/0/1
[SwitchB-GigabitEthernet0/0/1]port link-type trunk
[SwitchB-GigabitEthernet0/0/1]port trunk allow-pass vlan 200
[SwitchB-GigabitEthernet0/0/1]quit
[SwitchB]interface vlanif 200
[SwitchB-Vlanif200]ip address 192.168.20.2 24
[SwitchB-Vlanif200]dhcp select global　　// 使能接口采用全局地址池的 DHCP 服务器功能
[SwitchB-Vlanif200] quit

（3）创建地址池并配置相关属性，租期采用缺省值 1d。

[SwitchB]ip pool net32h
[SwitchB-ip-pool-net32h]network 10.10.20.0 mask 24　　// 配置全局地址池的网段和掩码
[SwitchB-ip-pool-net32h]gateway-list 10.10.20.1　　// 配置为终端分配的网关地址
[SwitchB-ip-pool-net32h]quit

（4）在 SwitchB 上配置到客户端的静态路由。

[SwitchB]ip route-static 10.10.20.0 255.255.255.0 192.168.20.1

23.4　考点实练

1. 在交换机上通过（1）查看到下图所示信息，其中 State 字段的含义是（2）。

Run Method	:VIRTUAL-MAC		
Virtual Ip Ping	:Disable		
Interface	:Vlan-interface1		
VRID	:1	Adver.Time	:1
Admin Status	:up	State	:Master
Config Pri	:100	Run Pri	:100
Preempt Mode	:YES	Delay Time	:0
Auth Type	:NONE		
Virtual IP	:192.168.0.133		
Virtual MAC	:0000-5E00-0101		

（1）A．display vrrp statistics　　　　B．display ospf peer
　　 C．display vrrp verbose　　　　　D．display ospf neighbor
（2）A．抢占模式　　　　　　　　　　B．认证类型
　　 C．配置的优先级　　　　　　　　D．交换机在当前备份组的状态

答案：(1) C （2) D

2．下列命令片段实现的功能是（　　）。

acl 3000
rule permit tcp destination-port eq 80 source 192.168.1.0 0.0.0.255
car cir 4096

  A．限制 192.168.1.0 网段设备访问 HTTP 的流量不超过 4Mb/s
  B．限制 192.168.1.0 网段设备访问 HTTP 的流量不超过 80Mb/s
  C．限制 192.168.1.0 网段设备的 TCP 的流量不超过 4Mb/s
  D．限制 192.168.1.0 网段设备的 TCP 的流量不超过 80Mb/s

答案：A

第 24 章

IP 路由基础知识点梳理及考点实练

24.0 章节考点分析

第 24 章主要学习 IP 路由基础、RIP、OSPF、BGP 等路由协议。

根据考试大纲，本章知识点会涉及单项选择题与案例分析题，单项选择题预计分值 3～6 分。本章内容侧重于概念知识，多数参照教材。本章的架构如图 24-1 所示。

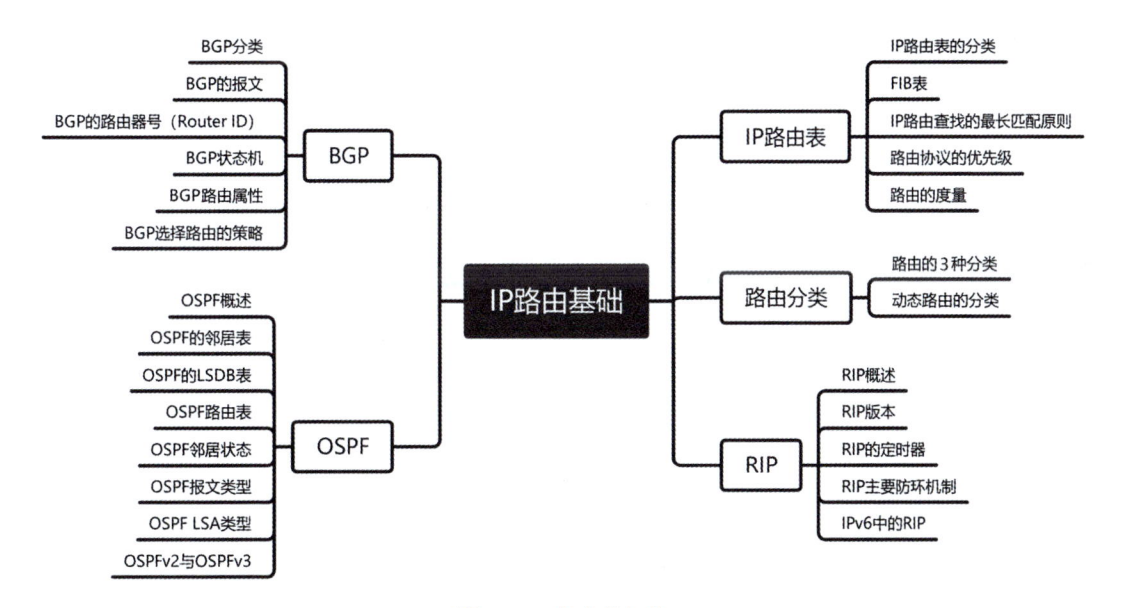

图 24-1 本章的架构

【导读小贴士】

网络路由是数据传输的路径指引，网络工程师应深入理解 IP 路由表构成与查找原则，明晰路由分类差异，熟练掌握 RIP、OSPF、BGP 等协议精髓，以此构建精准高效、稳定可靠的网络路由架构，为网络通信的顺畅无阻与数据的精准送达筑牢根基。

24.1　IP 路由表考点梳理

【基础知识点】

1. IP 路由表的分类

IP 路由表分为本地核心路由表和协议路由表。

（1）本地核心路由表，如下所示：

```
<R1>display ip routing-table
Route Flags: R - relay，D - download to fib
-------------------------------------------------------------------------------
Routing Tables: Public
         Destinations : 16     Routes : 16
Destination/Mask      Proto      Pre    Cost    Flags    NextHop       Interface
10.0.1.0/24           Direct     0      0       D        10.0.1.1      LoopBack0
10.0.1.1/32           Direct     0      0       D        127.0.0.1     LoopBack0
10.0.1.255/32         Direct     0      0       D        127.0.0.1     LoopBack0
10.0.2.0/24           RIP        100    1       D        10.0.123.2    GigabitEthernet0/0/0
10.0.3.0/24           RIP        100    1       D        10.0.123.3    GigabitEthernet0/0/0
10.0.14.0/24          Direct     0      0       D        10.0.14.1     Serial2/0/0
10.0.14.1/32          Direct     0      0       D        127.0.0.1     Serial2/0/0
10.0.14.4/32          Direct     0      0       D        10.0.14.4     Serial2/0/0
10.0.14.255/32        Direct     0      0       D        127.0.0.1     Serial2/0/0
……
```

路由表中字段含义如下。

1）Destination/Mask：表示此路由的目的地址和子网掩码长度。

2）Proto：表示路由的协议类型，如 Direct、RIP 等。

3）Pre：路由协议优先级决定了在有多个到达同一目的地的路由时，哪条路由会被选为最优。这些路由可能来自不同的协议或手工配置的静态路由。优先级数值较小的路由将被优先选择。

4）Cost：路由选择时，若多条路径至同一目的地且具有相同 Pre 值，则 Cost 最低者为最佳路径。Pre 值用于比较不同路由协议的优先级，而 Cost 用于同一协议内不同路径的优先级比较。

5）Flags：路由标记 D 表示路由已下发至 FIB 表。标记 R 和 T 分别代表迭代路由和 VPN 实例的下一跳。若路由下一跳不可直接到达，则无法用于转发，系统将计算实际出接口和下一跳，此过程称为路由迭代。

6）NextHop：路由的下一跳地址。

7）Interface：路由的出接口，表示数据将从本地路由器哪个接口转发出去。

（2）协议路由表，如下所示。

```
<R1>dis ip routing-table protocol rip
Route Flags: R - relay，D - download to fib
------------------------------------------------------------------------------
Public routing table : RIP
       Destinations : 2        Routes : 2
RIP routing table status : <Active>
       Destinations : 2        Routes : 2
Destination/Mask      Proto      Pre      Cost      Flags      NextHop         Interface
   10.0.2.0/24         RIP       100       1          D       10.0.123.2      GigabitEthernet0/0/0
   10.0.3.0/24         RIP       100       1          D       10.0.123.3      GigabitEthernet0/0/0
RIP routing table status : <Inactive>
       Destinations : 0        Routes : 0
```

2. FIB 表

（1）FIB 表中每条转发项都指明到达某网段的报文通过路由器的物理或者逻辑接口发送，可到达该路径的下一个路由器，或者不再经过别的路由器直接送到相连的网络中的目的主机。

（2）FIB 表如下所示。

```
<R1>display fib
Route Flags: G - Gateway Route，H - Host Route，U - Up Route
       S - Static Route，D - Dynamic Route，B - Black Hole Route
       L - Vlink Route
------------------------------------------------------------------------------
FIB Table:
Total number of Routes : 16
Destination/Mask      Nexthop         Flag     TimeStamp     Interface     TunnelID
10.0.14.4/32          10.0.14.4       HU       t[28]         S2/0/0        0x0
10.0.1.0/24           10.0.1.1        U        t[5]          Loop0         0x0
10.0.123.0/24         10.0.123.1      U        t[10]         GE0/0/0       0x0
10.0.3.0/24           10.0.123.3      DGU      t[12]         GE0/0/0       0x0
10.0.2.0/24           10.0.123.2      DGU      t[21]         GE0/0/0       0x0
10.0.14.0/24          10.0.14.1       U        t[28]         S2/0/0        0x0
……
```

FIB 表主要字段含义如下。

1）Flag：标志 G、H、U、S、D、B、L 分别代表网关路由、主机路由、可用路由、静态路由、动态路由、黑洞路由和本地路由。G 指下一跳为网关；H 指 32 位主机路由；U 表示路由状态为 Up；S 是静态路由；D 代表动态路由；B 表示下一跳接口为 null 空接口；L 代表本地路由，是路由器基于自身接口配置等信息自动生成的，用于描述与路由器自身直接相连的网络或主机，确保本地数据包能够准确转发至直连网络中的目标设备。

2）TimeStamp：时间戳，表示该表项存在的时间，单位是秒。

3）TunnelID：转发表项索引指示报文转发方式。非零值表示报文通过特定隧道转发，如MPLS 隧道；零值则表示报文不通过隧道转发。

3. IP 路由查找的最长匹配原则

路由设备在接收 IP 数据包时，会将其目的 IP 地址与路由表中的条目进行比对，寻找最长匹配项。FIB 表也采用此最长匹配原则。路由器根据匹配结果转发数据包，若无匹配项则丢弃。数据包在源至目的地的每个路由器上都需有正确的路由，否则会丢失。通信是双向的，需注意往返路径。

4. 路由协议的优先级

（1）路由器分别定义了外部和内部优先级，各路由协议都被赋予了一个优先级，当存在多个路由信息源时，具有数值较小的路由将成为最优路由，并将最优路由放入本地路由表中。

（2）选择路由时先比较路由的外部优先级，当不同的路由协议配置了相同的优先级后，系统会通过内部优先级决定哪个路由协议发现的路由将成为最优路由。

（3）外部优先级是指用户可以手工为各路由协议配置的优先级，默认外部优先级见表 24-1。路由协议的内部优先级则不能被用户手工修改，默认内部优先级见表 24-2。

表 24-1　常见的默认外部优先级

路由协议的类型	路由协议的外部优先级
Direct	0
OSPF	10
IS-IS	15
Static	60
RIP	100
OSPF ASE	150
IBGP	255
EBGP	255

表 24-2　常见的默认内部优先级

路由协议的类型	路由协议的内部优先级
Direct	0
OSPF	10
IS-IS Level-1	15

续表

路由协议的类型	路由协议的内部优先级
IS-IS Level-2	18
Static	60
RIP	100
OSPF ASE	150
IBGP	200
EBGP	20

5. 路由的度量

度量值，也称作开销，是选择路由时的依据之一。当设备通过路由协议发现多条等优先级路径时，度量值决定最佳路径。常见的度量值包括跳数、带宽和代价。路由度量值反映到达目的地的成本，数值越小表示路径越佳，最小的度量值会被选入路由表。

24.2 路由分类考点梳理

【基础知识点】

1. 路由的 3 种分类

按照路由来源可以分为直连路由、静态路由和动态路由，如图 24-2 所示。

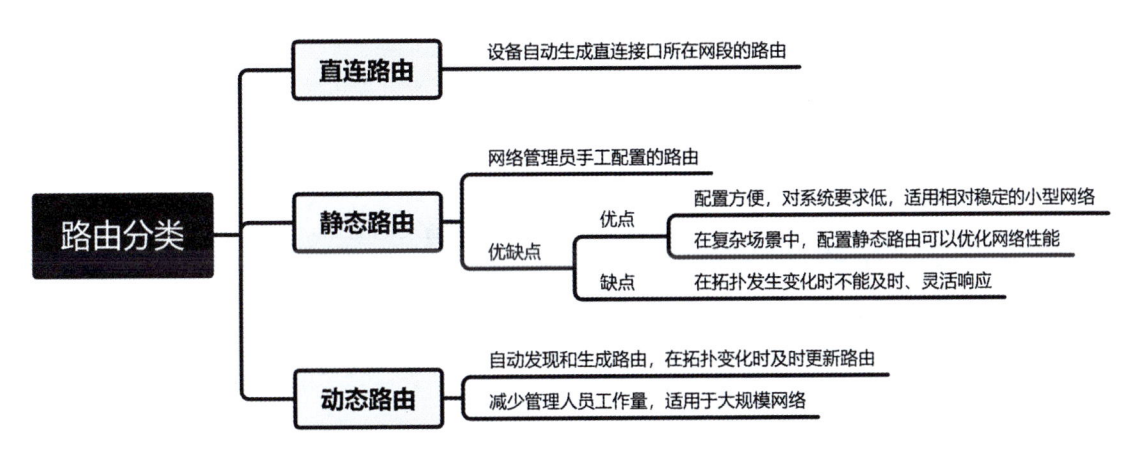

图 24-2 路由分类

2. 动态路由的分类

动态路由的分类如图 24-3 所示。

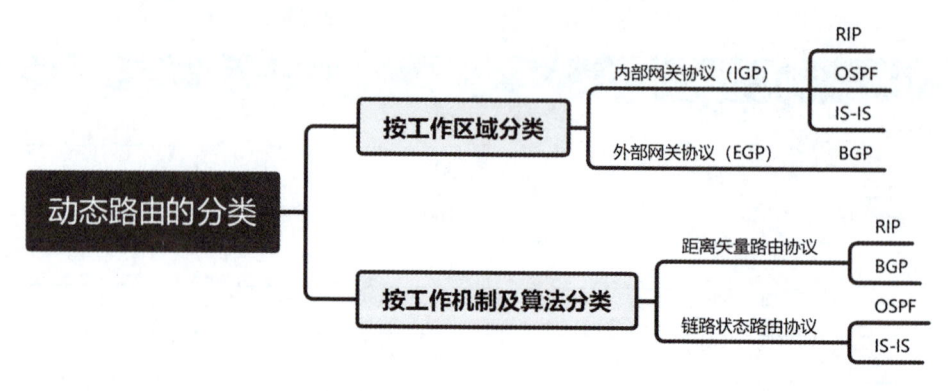

图 24-3 动态路由的分类

24.3 RIP 考点梳理

【基础知识点】

1. RIP 概述

路由信息协议（RIP）是内部网关协议，是一种基于距离矢量算法的协议，它使用跳数来衡量到达目的网络的距离。RIP 通过 UDP 的 520 端口来进行路由信息的交换。RIP 设置了最大跳数是 15，大于或等于 16 的跳数被定义为无穷大，即目的网络或主机不可达，所以 RIP 不可能在大型网络中得到应用。

2. RIP 版本

RIP 包括 RIPv1 和 RIPv2 两个版本，RIPv1 和 RIPv2 对比如下。

（1）RIPv1 是一种有类别路由协议，仅支持通过广播方式发送更新消息，每 30s 进行一次。它不支持路由聚合和不连续子网。

（2）RIPv2 是一种无分类路由协议，具备路由聚合和 CIDR 功能。它允许指定下一跳地址，并能在广播网络中选择最佳路径。此外，RIPv2 支持通过组播发送更新，并能对报文进行验证。

3. RIP 的定时器

RIP 使用 3 种定时器：更新定时器每 30s 发送更新；超时定时器默认 180s，超时未收到更新则路由度量值设为 16 并启动垃圾收集定时器；垃圾收集定时器默认 120s 后删除路由项。每条路由表项关联超时和垃圾收集定时器。

4. RIP 主要防环机制

（1）水平分割（Split Horizon）。水平分割的原理是，RIP 从某个接口学到的路由，不会从该接口再发回给邻居路由器。这样不但减少了带宽消耗，还可以防止路由环路。

（2）毒性反转（Poison Reverse）。毒性反转的原理是，RIP 从某个接口学到路由后，从原接口发回邻居路由器，并将该路由的开销设置为 16，清除对方路由表中的无用路由。

（3）触发更新（Trigger Update）。触发更新是指当路由信息发生变化时，立即向邻居设备发送触发更新报文，而不用等待更新定时器超时，从而避免产生路由环路。

5. IPv6 中的 RIP

RIPng 是适用于 IPv6 的 RIP 版本，适用于小型网络。它比 OSPFv3 和 IS-IS for IPv6 更易于配置和管理。RIPng 通过 UDP 端口 521 传输路由信息，使用 FE80::/10 作为源地址，并通过 FF02::9 组播地址周期性地发送更新。

24.4　OSPF 考点梳理

【基础知识点】

1. OSPF 概述

（1）OSPF 作为一种基于链路状态的内部网关协议，将自治系统划分为多个区域，并通过链路状态通告发布路由信息。OSPF 报文在 IP 报文中以单播或组播形式传输，与 RIP 相比，它使用组播进行通信，支持无类型域间选路、负载分担以及报文认证。

（2）区域。区域是从逻辑上将路由器划分为不同的组，每个组用区域号（Area ID）来标识。区域的边界是路由器，而不是链路。一个网段（链路）只能属于一个区域，在配置 OSPF 时候必须指明接口属于哪个区域。

（3）OSPF 路由器类型如图 24-4 所示。

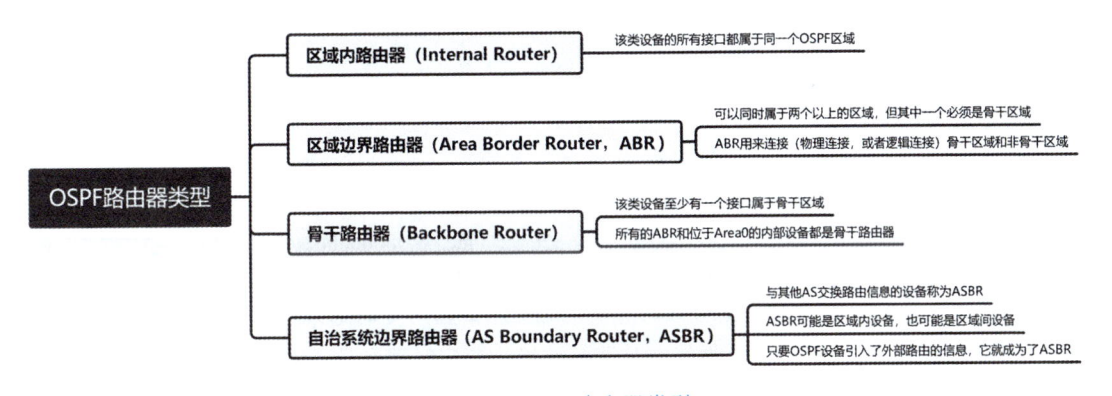

图 24-4　OSPF 路由器类型

（4）度量值。OSPF 使用 Cost（开销）作为路由的度量值，默认的接口 Cost 值 =100Mbit/s 接口带宽，其中 100 Mbit/s 为 OSPF 指定的默认参考值（可修改）。一条 OSPF 路由的 Cost 值是从目的网段到本路由器沿途所有入接口的 Cost 值累加。如图 24-5 所示，在 R3 的路由表中，到达 10.10.10.0/24 的 OSPF 路由的 Cost 值 =1+1+64，即 66。

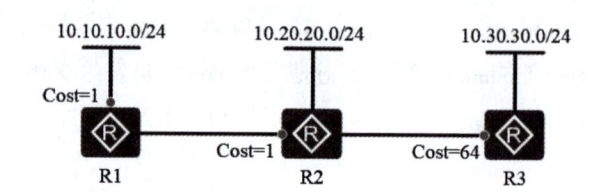

```
          10.10.10.0/24      10.20.20.0/24      10.30.30.0/24
     Cost=1   │                   │                   │
              ▣ ──── Cost=1 ────▣ ──── Cost=64 ────▣
              R1                  R2                  R3
```

图 24-5　OSPF 路由的 Cost 值

2. OSPF 的邻居表

OSPF 在传递链路状态信息之前，OSPF 的邻居关系通过交互 Hello 报文建立。OSPF 邻居表显示了 OSPF 路由器之间的邻居状态，使用 display ospf peer brief 查看，如下所示。

```
[R1]display ospf peer brief
  OSPF Process 1 with Router ID 10.1.1.2
    Peer Statistic Information
 ----------------------------------------------------------------
  Area Id      Interface            Neighbor id      State
  0.0.0.0      Serial2/0/1          10.1.1.3         Full
  0.0.0.1      Serial2/0/0          10.1.1.1         Full
  0.0.0.2      GigabitEthernet0/0/0 10.1.1.4         Full
 ----------------------------------------------------------------
```

3. OSPF 的 LSDB 表

LSDB 会保存自己产生的及从邻居收到的 LSA 信息，如 R1 的 LSDB 包含了 3 条 LSA。Type 标识 LSA 的类型，AdvRouter 标识发送 LSA 的路由器。使用命令行 display ospf lsdb 查看 LSDB 表，如下所示。

```
[R1]display ospf lsdb
  OSPF Process 1 with Router ID 10.1.1.1
    Link State Database
      Area: 0.0.0.2
  Type       LinkState ID   AdvRouter     Age    Len   Sequence    Metric
  Router     10.1.1.2       10.1.1.2      326    48    80000002    48
  Router     10.1.1.1       10.1.1.1      297    60    80000007    0
  Sum-Net    0.0.0.0        10.1.1.2      321    28    80000001    1
```

4. OSPF 路由表

OSPF 路由表和路由器路由表是两张不同的表项。OSPF 路由表包含 Destination、Cost 和 NextHop 等指导转发的信息。使用命令 display ospf routing 查看 OSPF 路由表，如下所示。

```
<R1>display ospf routing
  OSPF Process 1 with Router ID 10.0.1.1
    Routing Tables
      Routing for Network
```

Destination	Cost	Type	NextHop	AdvRouter	Area
10.0.1.0/24	0	Stub	10.0.1.1	10.0.1.1	0.0.0.2
10.0.12.0/24	48	Stub	10.0.12.1	10.0.1.1	0.0.0.2
0.0.0.0/0	49	Inter-area	10.0.12.2	10.0.2.2	0.0.0.2

Total Nets: 3
Intra Area: 2 Inter Area: 1 ASE: 0 NSSA: 0

5. OSPF 邻居状态

在 OSPF 网络中，设备通过邻居状态的转换建立 FULL 邻接关系，交换 LSA 信息。OSPF 邻居状态由 State 字段表示，共有 8 种状态，如图 24-6 所示，图中不包括 NBMA 网络中的 attempt 状态。

OSPF 邻居状态

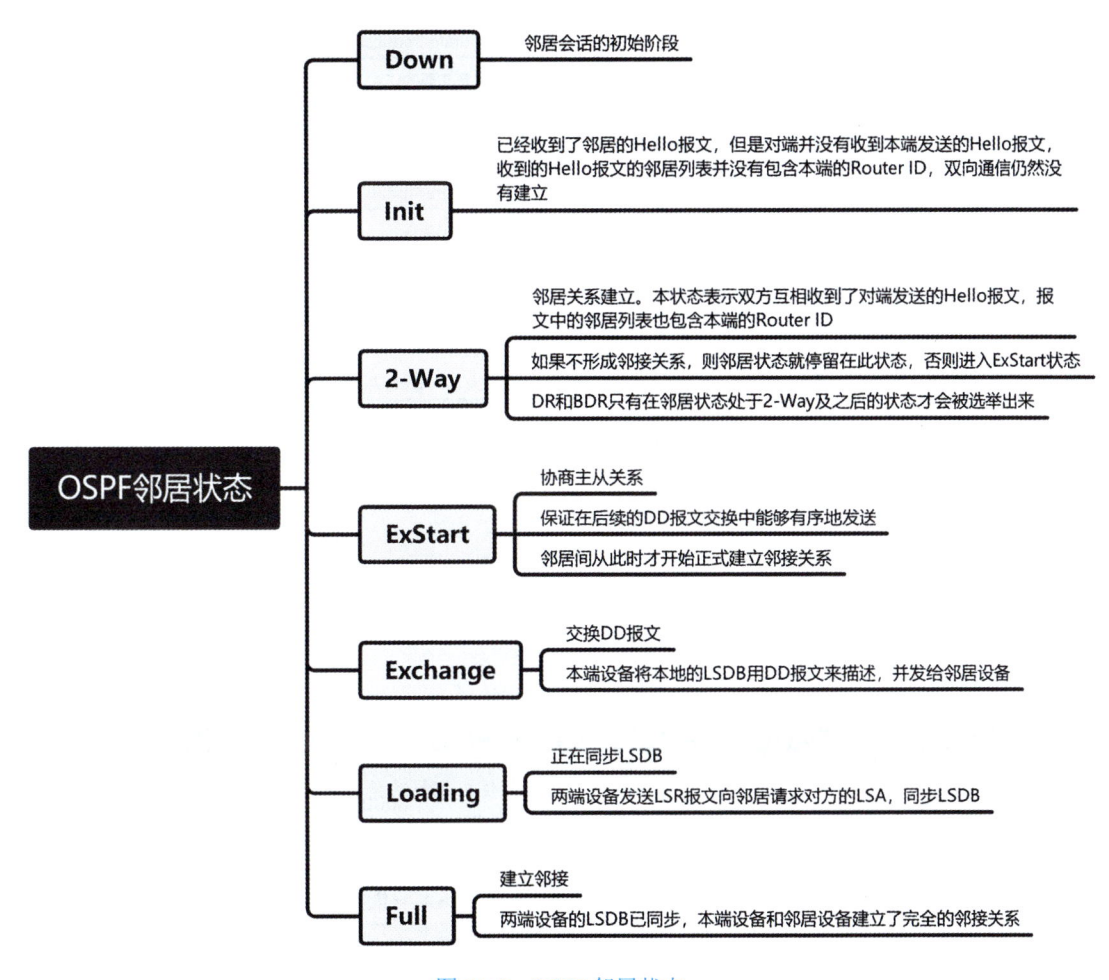

- **Down**：邻居会话的初始阶段
- **Init**：已经收到了邻居的 Hello 报文，但是对端并没有收到本端发送的 Hello 报文，收到的 Hello 报文的邻居列表并没有包含本端的 Router ID，双向通信仍然没有建立
- **2-Way**：邻居关系建立。本状态表示双方互相收到了对端发送的 Hello 报文，报文中的邻居列表也包含本端的 Router ID
  - 如果不形成邻接关系，则邻居状态就停留在此状态，否则进入 ExStart 状态
  - DR 和 BDR 只有在邻居状态处于 2-Way 及之后的状态才会被选举出来
- **ExStart**：协商主从关系
  - 保证在后续的 DD 报文交换中能够有序地发送
  - 邻居间从此时才开始正式建立邻接关系
- **Exchange**：交换 DD 报文
  - 本端设备将本地的 LSDB 用 DD 报文来描述，并发给邻居设备
- **Loading**：正在同步 LSDB
  - 两端设备发送 LSR 报文向邻居请求对方的 LSA，同步 LSDB
- **Full**：建立邻接
  - 两端设备的 LSDB 已同步，本端设备和邻居设备建立了完全的邻接关系

图 24-6　OSPF 邻居状态

6. OSPF 报文类型

OSPF 报文类型如图 24-7 所示。

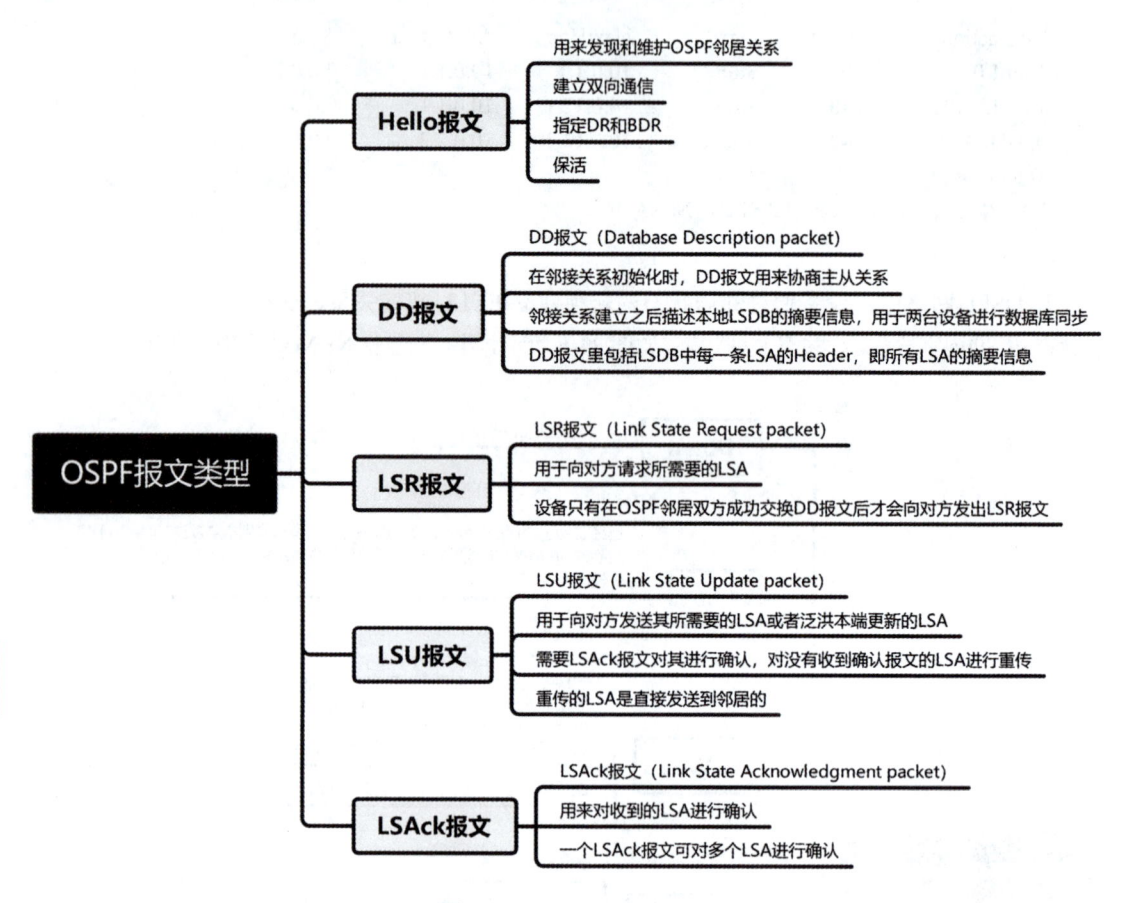

```
                              ┌── 用来发现和维护OSPF邻居关系
                              │── 建立双向通信
                    Hello报文 ─┤── 指定DR和BDR
                              └── 保活

                              DD报文（Database Description packet）
                              ┌── 在邻接关系初始化时，DD报文用来协商主从关系
                    DD报文 ────┤── 邻接关系建立之后描述本地LSDB的摘要信息，用于两台设备进行数据库同步
                              └── DD报文里包括LSDB中每一条LSA的Header，即所有LSA的摘要信息

                              LSR报文（Link State Request packet）
OSPF报文类型 ──┤    LSR报文 ───┤── 用于向对方请求所需要的LSA
                              └── 设备只有在OSPF邻居双方成功交换DD报文后才会向对方发出LSR报文

                              LSU报文（Link State Update packet）
                              ┌── 用于向对方发送其所需要的LSA或者泛洪本端更新的LSA
                    LSU报文 ───┤── 需要LSAck报文对其进行确认，对没有收到确认报文的LSA进行重传
                              └── 重传的LSA是直接发送到邻居的

                              LSAck报文（Link State Acknowledgment packet）
                    LSAck报文 ─┤── 用来对收到的LSA进行确认
                              └── 一个LSAck报文可对多个LSA进行确认
```

图 24-7　OSPF 报文类型

7. OSPF LSA 类型

OSPF LSA 类型见表 24-3。

表 24-3　OSPF LSA 类型

类型	名称	描述
1	Router LSA	每个设备都会产生，描述了设备的链路状态和开销，该 LSA 只能在接口所属的区域内泛洪
2	Network LSA	由 DR 产生，描述该 DR 所接入的 MA 网络中所有与之形成邻接关系的路由器，以及 DR 自己。该 LSA 只能在接口所属区域内泛洪
3	Network Summary LSA	由 ABR 产生，描述区域内某个网段的路由，该类 LSA 主要用于区域间路由的传递
4	ASBR Summary LSA	由 ABR 产生，描述到 ASBR 的路由，通告给除 ASBR 所在区域的其他相关区域

续表

类型	名称	描述
5	AS External LSA	由 ASBR 产生，用于描述到达 OSPF 域外的路由
6	NSSA LSA	由 ASBR 产生，用于描述到达 OSPF 域外的路由。NSSA LSA 只能在始发的 NSSA 内泛洪，并且不能直接进入 Area0。NSSA 的 ABR 会将 7 类 LSA 转换成 5 类 LSA 注入 Area0

8. OSPFv2 与 OSPFv3

目前，OSPFv2 用于 IPv4，OSPFv3 用于 IPv6。

24.5　BGP 考点梳理

【基础知识点】

1. BGP 分类

BGP 按照运行方式分为 EBGP 和 IBGP。运行于不同 AS 之间的 BGP 称为 EBGP。运行于同一 AS 内部的 BGP 称为 IBGP。

2. BGP 的报文

BGP 对等体间通过以下 5 种报文进行交互，其中 Keepalive 报文为周期性发送，其余报文为触发式发送。

（1）Open 报文：用于建立 BGP 对等体连接。

（2）Update 报文：用于在对等体之间交换路由信息。

（3）Notification 报文：当 BGP 检测到错误状态之后就向对等体发出 Notification 信息，用于中断 BGP 连接。

（4）Keepalive 报文：用于保持 BGP 连接。

（5）Route-refresh 报文：用于在改变路由策略后请求对等体重新发送路由信息。只有支持路由刷新能力的 BGP 设备会发送和响应此报文。

3. BGP 的路由器号（Router ID）

（1）BGP 的 Router ID 是一个 32 位标识符，通常采用 IPv4 地址格式，在建立 BGP 会话时通过 Open 报文发送。每个 BGP 设备在建立对等体连接时必须拥有唯一的 Router ID，否则无法建立连接。

（2）BGP 网络中，Router ID 必须唯一，可手动设置或由设备自动生成。通常选择 Loopback 接口的 IPv4 地址，若无 Loopback，则取最大 IPv4 地址。选定后，除非地址被删除，否则即使有更大地址也不会更改。

4. BGP 状态机

BGP 对等体的交互过程中存在 6 种状态机：空闲（Idle）、连接（Connect）、活跃（Active）、

Open 报文已发送（OpenSent）、Open 报文已确认（OpenConfirm）和连接已建立（Established）。如图 24-8 所示，在 BGP 对等体建立的过程中，通常可见的 3 个状态是 Idle、Active 和 Established。

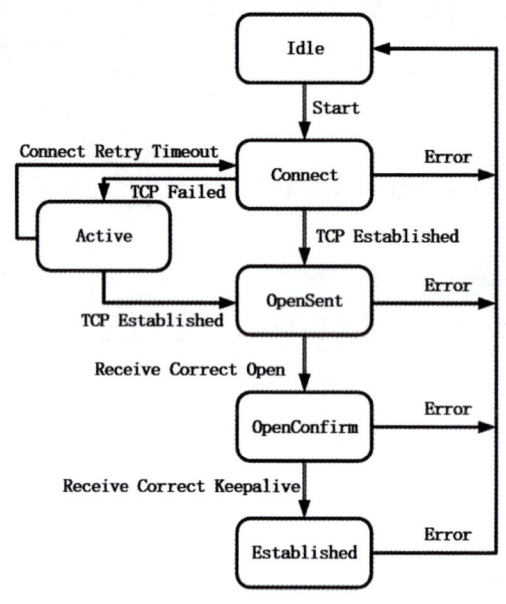

图 24-8　BGP 状态机

5. BGP 路由属性

BGP 路由属性可以分为以下 4 类，见表 24-4。

表 24-4　BGP 路由属性

属性名	类型
Origin 属性	公认必须遵循
AS_Path 属性	公认必须遵循
Next_Hop 属性	公认必须遵循
Local_Pref 属性	公认任意
团体属性	可选过渡
MED 属性	可选非过渡
Originator_ID 属性	可选非过渡
Cluster_List 属性	可选非过渡

（1）公认必须遵循：所有 BGP 设备都可以识别此类属性，且必须存在于 Update 报文中。如

果缺少这类属性，路由信息就会出错。

1）Origin：标识了 BGP 路由的起源，如 IGP、EGP 和 Incomplete，分别标记为 I、E、?。优先级为 IGP > EGP > Incomplete。

2）AS_Path：确保路由在 EBGP 对等体之间传递无环；也作为路由优选的衡量标准之一。

3）Next_Hop：指定到达目标网络的下一跳地址。

（2）公认任意：BGP 设备能识别特定属性，这些属性非强制性，即使缺失也不会影响路由信息。例如，Local_Pref 属性指示路由器首选离开 AS 的路径，数值越高，路径越优，在多数常见配置下默认值为 100。

（3）可选过渡：BGP 设备可以不识别此类属性，如果 BGP 设备不识别此类属性，但它仍然会接收这类属性，并通告给其他对等体。

（4）可选非过渡：BGP 设备若不识别某属性，会忽略它并不向其他对等体通告。例如，MED 属性指示外部对等体首选进入 AS 的路径，影响路径选择。MED 值越低，路径越优。

6. BGP 选择路由的策略

当到达同一目的地存在多条路由时，且此路由的下一跳可达，依次对比下列属性来选择路由。

（1）优选协议首选值（Pref Val）最高的路由，仅在本地有效。
（2）优选本地优先级（Local Pref）最高的路由。
（3）本地生成的路由优先于从 BGP 对等体接收的路由。
（4）优选 AS 路径（AS_Path）最短的路由。
（5）依次优选 Origin 类型为 IGP、EGP、Incomplete 的路由。
（6）对于来自同一 AS 的路由，优选 MED 值小的路由。
（7）优选从 EBGP 邻居学来的路由。
（8）优选到 BGP 下一跳 IGP Metric 小的路由。
（9）优选 Cluster_List 最短的路由。
（10）优选 Originator_id 最小的路由。
（11）优选 Router ID 最小的路由器发布的路由。
（12）优选从具有最小 IP Address 的对等体学来的路由。

24.6 考点实练

1．SPF 报文采用（1）协议进行封装，以目标地址（2）发送到所有的 OSPF 路由器。

（1）A．IP　　　　　B．ARP　　　　　C．UDP　　　　　D．TCP

（2）A．224.0.0.1　B．224.0.0.2　　C．224.0.0.5　　D．224.0.0.8

答案：（1）A　（2）C

2．下列路由协议中，用于 AS 之间路由选择的是（　　）。

A．RIP　　　　　B．OSPF　　　　　C．IS-IS　　　　　D．BGP

答案：D

3．路由器收到包含如下属性的两条 BGP 路由，根据 BGP 选路规则，（   ）。

Network	NextHop	MED	LocPrf	PrefVal	Path/Origin
M 192.168.1.0	10.1.1.1	30	0		100i
N 192.168.1.0	10.1.1.2	20	0		100 200i

  A．最优路由 M，其 AS-Path 比 N 短　　B．最优路由 N，其 MED 比 M 小

  C．最优路由随机确定　　D．local-preference 值为空，无法比较

答案：A

4．在 BGP4 协议中，路由器通过发送 (1) 报文将正常工作信息告知邻居。当出现路由信息的新增或删除时，采用 (2) 报文告知对方。

  (1) A．hello　　B．update　　C．keepalive　　D．notification

  (2) A．hello　　B．update　　C．keepalive　　D．notification

答案：(1) C　(2) B

5．RIP 协议默认的路由更新周期是（   ）s。

  A．30　　B．60　　C．90　　D．100

答案：A

6．关于 RIPv1 与 RIPv2，下列说法错误的是（   ）。

  A．RIPv1 是有类路由协议，RIPv2 是无类路由协议

  B．RIPv1 不支持 VLSM，RIPv2 支持 VLSM

  C．RIPv1 没有认证功能，RIPv2 支持认证

  D．RIPv1 是组播更新，RIPv2 是广播更新

答案：D

7．在 BGP 路由选择协议中，（   ）属性可以避免在 AS 之间产生环路。

  A．Origin　　B．AS_Path　　C．Next Hop　　D．Communtiy

答案：B

第 25 章
路由基础配置知识点梳理及考点实练

25.0 章节考点分析

第 25 章主要学习静态路由配置、RIP、OSPF 及 BGP 路由协议配置等内容。

根据考试大纲，本章知识点会涉及单项选择题与案例分析题，单项选择题预计分值 3～7 分。本章内容侧重于概念知识，多数参照教材。本章的架构如图 25-1 所示。

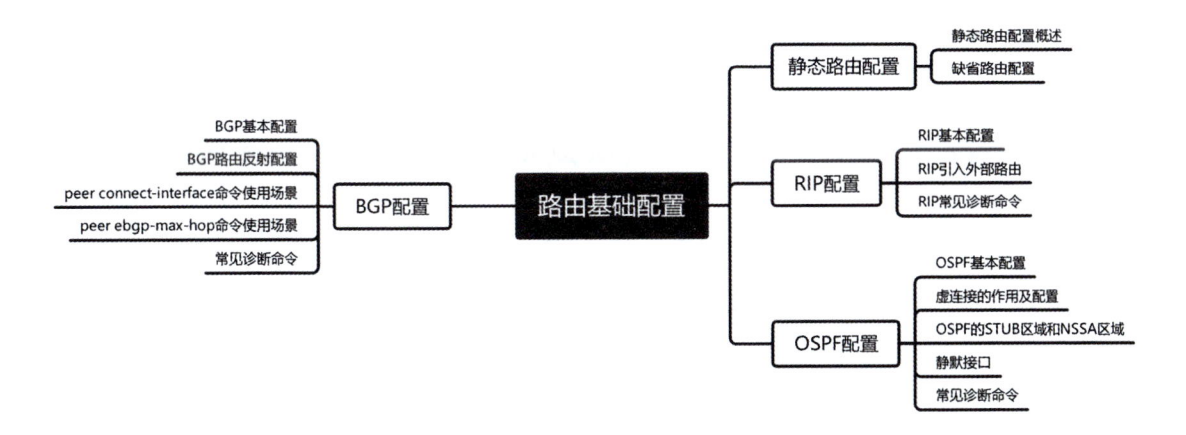

图 25-1 本章的架构

【导读小贴士】

网络工程师需熟练掌握静态路由、RIP、OSPF、BGP 等路由协议的配置方法，包括各类场景下的具体配置步骤、特殊功能如虚连接与路由反射的配置，以及相关诊断命令的运用，这些知识是构建复杂网络路由体系、保障网络互联互通的关键所在。

25.1 静态路由配置考点梳理

【基础知识点】

1. 静态路由配置概述

配置静态路由时，对于点到点接口，只需指定出接口；对于广播类型接口，必须指定下一跳。

（1）在 SwitchA 上配置 IPv4 静态路由。

[SwitchA]ip route-static 10.1.1.0 255.255.255.0 10.1.4.1

（2）在 SwitchA 上配置 IPv6 静态路由。

[SwitchA]ipv6 route-static fc00:0:0:2001:: 64 fc00:0:0:2010::1

2. 缺省路由配置

缺省路由一般用于企业网络出口，缺省路由是目的地址和掩码都为全 0 的特殊路由。如果报文的目的地址无法匹配路由表中的任何一项，路由器将按照缺省路由来转发报文，如图 25-2 所示。

[RTA]ip route-static 0.0.0.0 0.0.0.0 100.100.100.254

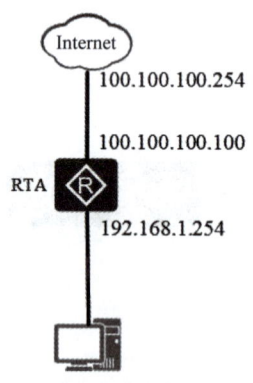

图 25-2　缺省路由配置

25.2 RIP 配置考点梳理

【基础知识点】

1. RIP 基本配置

需求：拓扑中有 4 台交换机，要求在 SwitchA、SwitchB、SwitchC 和 SwitchD 上配置 RIP 实现网络互连，拓扑如图 25-3 所示。

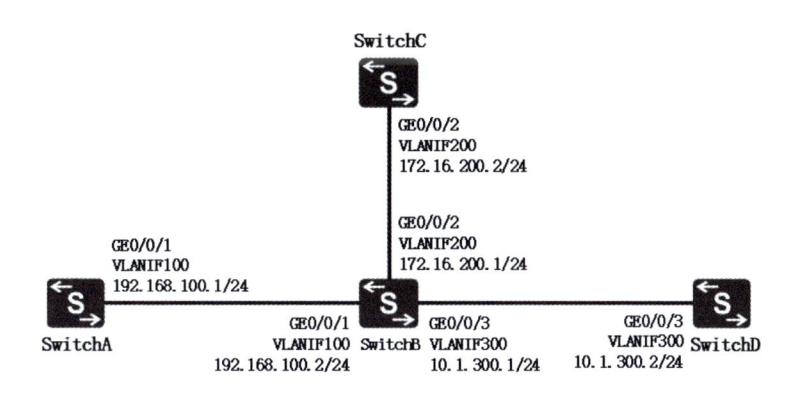

图 25-3 配置 RIP 基本配置

以 SwitchA 为例，RIP 主要配置如下。

（1）配置接口所属的 VLAN。

```
[SwitchA]vlan 100
[SwitchA-vlan10]quit
[SwitchA]interface GigabitEthernet0/0/1
[SwitchA-GigabitEthernet0/0/1]port link-type trunk
[SwitchA-GigabitEthernet0/0/1]port trunk allow-pass vlan 10
[SwitchA-GigabitEthernet0/0/1]quit
```

（2）配置 VLANIF 接口的 IP 地址。

```
[SwitchA]interface vlanif 100
[SwitchA-Vlanif10]ip address 192.168.100.1 24
[SwitchA-Vlanif10]quit
```

（3）启动进程，并宣告网段。

```
[SwitchA]rip
[SwitchA-rip-1]network 192.168.100.0
[SwitchA-rip-1]quit
```

2. RIP 引入外部路由

需求：SwitchB 上运行 RIP 100 和 RIP 200。要求在 SwitchB 上配置路由引入实现 SwitchA 与

网段 192.168.30.0/24 能实现互通，拓扑如图 25-4 所示。

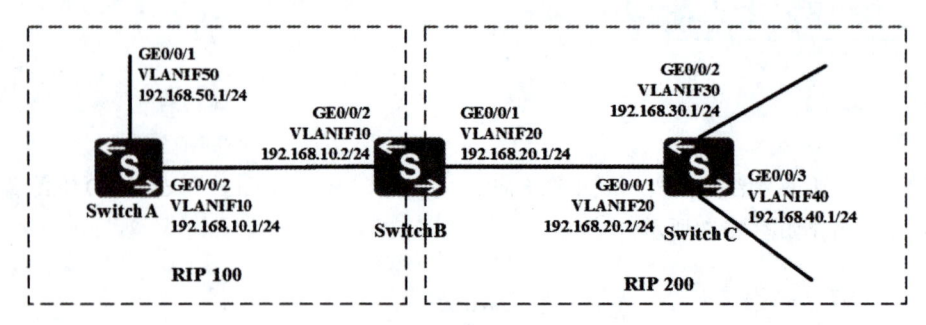

图 25-4　RIP 引入外部路由

主要配置如下（VLAN、VLANIF 等配置略）。

（1）在 SwitchB 上启动 RIP 100 和 RIP 200 进程，并宣告相应网段。

```
[SwitchB]rip 100
[SwitchB-rip-100]network 192.168.10.0
[SwitchB-rip-100]quit
[SwitchB]rip 200
[SwitchB-rip-200]network 192.168.20.0
[SwitchB-rip-200]quit
```

（2）将 RIP 100 和 RIP 200 进程的路由相互引入到对方的路由表中。

```
[SwitchB]rip 100
[SwitchB-rip-100]import-route rip 200
[SwitchB-rip-100]quit
[SwitchB]rip 200
[SwitchB-rip-200]import-route rip 100
[SwitchB-rip-200]quit
```

3. RIP 常见诊断命令

display rip 命令用来查看 RIP 进程的当前运行状态及配置信息；display rip interface 命令用来查看 RIP 的接口信息；display rip neighbor 命令用来查看 RIP 的邻居信息。

25.3　OSPF 配置考点梳理

【基础知识点】

1. OSPF 基本配置

```
[SwitchA]ospf 1 router-id 1.1.1.1          // 创建进程号为 1，Router ID 为 1.1.1.1 的 OSPF 进程
[SwitchA-ospf-1]area 0                     // 创建 area 0 区域并进入 area 0 视图
[SwitchA-ospf-1-area-0.0.0.0]network 192.168.1.0 0.0.0.255   // 宣告 192.168.1.0/24 网段
[SwitchA-ospf-1-area-0.0.0.0]quit
[SwitchA-ospf-1]area 1                                        // 创建 area 1 区域并进入 area 1 视图
```

```
[SwitchA-ospf-1-area-0.0.0.1]network 192.168.2.0 0.0.0.255    // 宣告 192.168.2.0/24 网段
[SwitchA-ospf-1-area-0.0.0.1]return
```

2. 虚连接的作用及配置

OSPF 要求骨干区域必须是连续的，但是并不要求物理上连续，可以使用虚连接使骨干区域在逻辑上连续。虚连接可以在任意两个 ABR 上建立，但是要求这两个 ABR 都有端口连接到一个相同的非骨干区域，拓扑如图 25-5 所示。

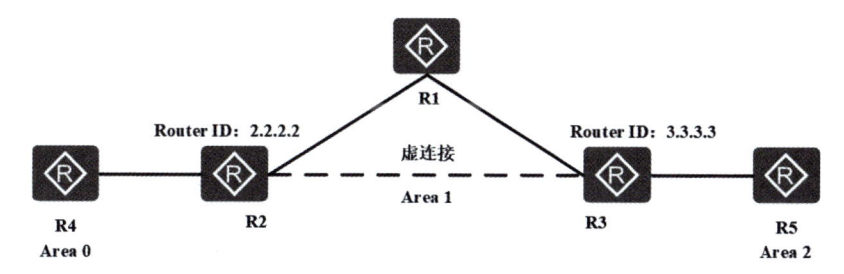

图 25-5 虚连接

R2、R3 虚连接配置如下。

```
[R2-ospf-1] area 1
[R2-ospf-1-area-0.0.0.1] vlink-peer 3.3.3.3
[R3-ospf-1] area 1
[R3-ospf-1-area-0.0.0.1] vlink-peer 2.2.2.2
```

3. OSPF 的 STUB 区域和 NSSA 区域

（1）STUB 区域。

1）OSPF 通过划分区域来减少 LSA 数量。自治系统边界上的非骨干区域可设为 stub 区域，但骨干区域 Area 0 不行。所有路由器需配置为 stub 区域属性，且 stub 区域不能有 ASBR 和虚连接。

2）STUB 配置。

```
[SwitchA] ospf 1
[SwitchA-ospf-1] area 1
[SwitchA-ospf-1-area-0.0.0.1] stub
[SwitchA-ospf-1-area-0.0.0.1] quit
```

（2）NSSA 区域。

1）NSSA 区域适用于需要引入外部路由的同时避免外部路由带来的资源消耗的场景。NSSA 区域能够将自治域外部路由引入并传播到整个 OSPF 自治域中。

2）NSSA 配置。

```
[SwitchA] ospf 1
[SwitchA-ospf-1] area 1
[SwitchA-ospf-1-area-0.0.0.1] nssa
[SwitchA-ospf-1-area-0.0.0.1] quit
```

4. 静默接口

使用 silent-interface 命令可以阻止 OSPF 报文在特定接口上的接收和发送，从而防止路由信息泄露和接收其他设备的路由更新，有助于避免路由环路。

[Huawei]ospf 1
[Huawei-ospf-1]silent-interface GigabitEthernet 1/0/1

5. 常见诊断命令

display ospf brief 用来查看 OSPF 的概要信息；display ospf cumulative 用来显示 OSPF 的统计信息；display ospf error 用来查看 OSPF 的错误信息；display ospf interface 用来显示 OSPF 的接口信息；display ospf Lsdb 用来显示 OSPF 的链路状态数据库（LSDB）信息；display ospf peer 用来显示 OSPF 中各区域邻居的信息；display ospf routing 用来显示 OSPF 路由表的信息；display ospf spf-statistics 用来查看 OSPF 进程下路由计算的统计信息；display ospf vlink 用来显示 OSPF 的虚连接信息。

25.4 BGP 配置考点梳理

【基础知识点】

1. BGP 基本配置

需求：SwitchA、SwitchB 之间建立 EBGP 连接，SwitchB、SwitchC 和 SwitchD 之间建立 IBGP 全连接，其中互联接口的 STP 处于未使能状态，拓扑如图 25-6 所示。

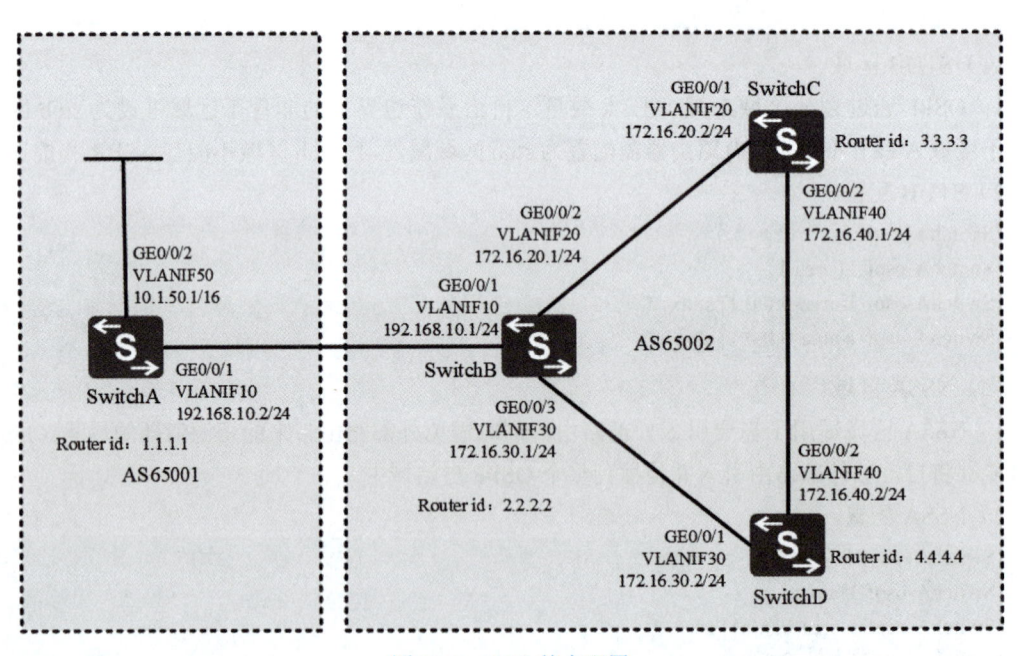

图 25-6　BGP 基本配置

主要配置如下。

（1）以 SwitchA 为例，配置接口所属的 VLAN，其他配置略。

[SwitchA]vlan batch 10 50
[SwitchA]interface gigabitEthernet 0/0/1
[SwitchA-GigabitEthernet0/0/1]port link-type trunk
[SwitchA-GigabitEthernet0/0/1]port trunk allow-pass vlan 10
[SwitchA-GigabitEthernet0/0/1]quit
[SwitchA]interface gigabitEthernet 0/0/2
[SwitchA-GigabitEthernet0/0/2]port link-type trunk
[SwitchA-GigabitEthernet0/0/2]port trunk allow-pass vlan 50
[SwitchA-GigabitEthernet0/0/2]quit

（2）以 SwitchA 为例，配置 VLANIF 接口的 IP 地址，其他配置略。

[SwitchA]interface vlanif 10
[SwitchA-Vlanif10]ip address 192.168.10.2 24
[SwitchA-Vlanif10]quit
[SwitchA]interface vlanif 50
[SwitchA-Vlanif50]ip address 10.1.50.1 16
[SwitchA-Vlanif50]quit

（3）以 SwitchB 为例，配置 IBGP 连接。

[SwitchB]bgp 65002
[SwitchB-bgp]router-id 2.2.2.2
[SwitchB-bgp]peer 172.16.20.2 as-number 65002
[SwitchB-bgp]peer 172.16.30.2 as-number 65002
[SwitchB-bgp]quit

（4）以 SwitchA 为例，配置 EBGP 连接。

[SwitchA]bgp 65001
[SwitchA-bgp]router-id 1.1.1.1
[SwitchA-bgp]peer 192.168.10.1 as-number 65002
[SwitchA-bgp]quit

（5）SwitchA 发布路由 10.1.50.0/16。

[SwitchA]bgp 65008
[SwitchA-bgp]ipv4-family unicast
[SwitchA-bgp-af-ipv4]network 10.1.50.0 255.255.0.0
[SwitchA-bgp-af-ipv4]quit
[SwitchA-bgp]quit

（6）引入直连路由。

[SwitchB]bgp 65002
[SwitchB-bgp]ipv4-family unicast
[SwitchB-bgp-af-ipv4]import-route direct

[SwitchB-bgp-af-ipv4]quit
[SwitchB-bgp]quit

2. BGP 路由反射配置

需求：4 台设备分属两个不同的 AS，SwitchA 和 SwitchB 之间建立 EBGP 邻居，SwitchC 分别和 SwitchB、SwitchD 建立 IBGP 邻居，配置 SwitchC 为路由反射器，SwitchB 和 SwitchD 是它的两个客户机，拓扑如图 25-7 所示。

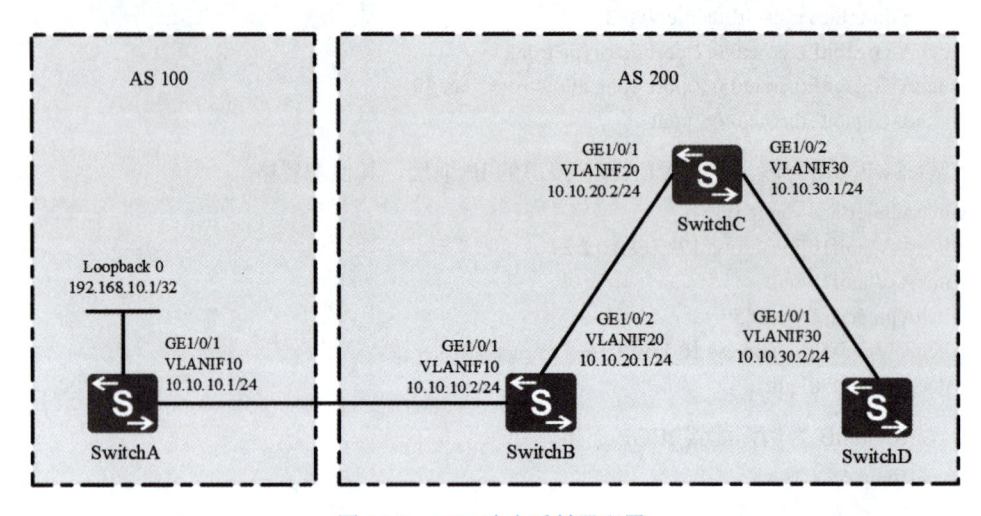

图 25-7 BGP 路由反射器配置

（1）以 SwitchB 为例，配置 BGP 的 router-id、对等体、发布直连网段，其他配置略。

```
[SwitchB]bgp 200
[SwitchB-bgp]router-id 2.2.2.2
[SwitchB-bgp]peer 10.10.10.1 as-number 100
[SwitchB-bgp]peer 10.10.20.2 as-number 200
[SwitchB-bgp]ipv4-family unicast
[SwitchB-bgp-af-ipv4]network 10.10.10.0 24
[SwitchB-bgp-af-ipv4]network 10.10.20.0 24
[SwitchB-bgp-af-ipv4]quit
[SwitchB-bgp]quit
```

（2）配置 SwitchC 作为路由反射器，SwitchB 和 SwitchD 是它的两个客户机，其他配置略。

```
[SwitchC]bgp 200
[SwitchC-bgp]ipv4-family unicast
[SwitchC-bgp-af-ipv4]peer 10.10.20.1 reflect-client
[SwitchC-bgp-af-ipv4]peer 10.10.30.2 reflect-client
[SwitchC-bgp-af-ipv4]quit
[SwitchC-bgp] quit
```

3. peer connect-interface 命令使用场景

（1）使用非直连物理接口建立 BGP 连接时，需要在两端均配置 peer connect-interface 命令，以保证两端连接的正确性。

（2）在两台设备通过多链路建立多个对等体时，需要使用 peer connect-interface 命令来为每个对等体指定建立连接的源接口。

（3）如果物理接口下配置了多个 IP 地址，需要配置 peer connect-interface 命令，否则可能导致 BGP 连接建立失败。

4. peer ebgp-max-hop 命令使用场景

（1）通常情况下，EBGP 对等体之间必须具有直连的物理链路，如果不满足这一要求，则必须使用 peer ebgp-max-hop 命令允许它们之间经过多跳建立 TCP 连接。

（2）BGP 使用 Loopback 口建立 EBGP 邻居时，必须配置命令 peer ebgp-max-hop（其中跳数≥2），否则邻居无法建立；如果是使用 Loopback 口建立的单跳 EBGP 邻居，也可以通过配置 peer connected-check-ignore 命令实现 EBGP 邻居的建立。

5. 常见诊断命令

display bgp peer 用来查看 BGP 对等体信息；display bgp routing-table 用来查看 BGP 的路由信息，通过指定不同的参数可以只查看特定的路由信息；display bgp routing-table label 用来查看 BGP 路由表中的标签路由信息；display bgp error 用来显示 BGP 的错误信息。

25.5 考点实练

1. 图 1 所示内容是在图 2 中的 （1） 设备上执行 （2） 命令查看到的信息片段。该信息片段中参数 （3） 的值反映邻居状态是否正常。

```
            Area 0.0.0.0 interface 192.168.1.1(GigabitEthernet0/0/1)'s neighbors
           Router ID: 2.2.2.2        Address: 192.168.1.2
            State: Full    Mode:Nbr is   Master Priority: 1
            DR: 192.168.1.1   BDR: 192.168.1.2   MTU:0
            Dead timer due in 32 sec
            Retrans timer interval: 5
            Neighbor is up for 01:06:23
            Authentication Sequence: [0]
                Neighbors
            Area 0.0.0.1 interface 192.168.2.1(GigabitEthernet0/0/2)'s neighbors
           Router ID: 3.3.3.3        Address: 192.168.2.2
            State: Full    Mode:Nbr is   Master Priority: 1
            DR:192.168.2.1   BDR: 192.168.2.2   MTU: 0
            Dead timer due in 28 sec
            Retrans timer interval: 5
```

图 1

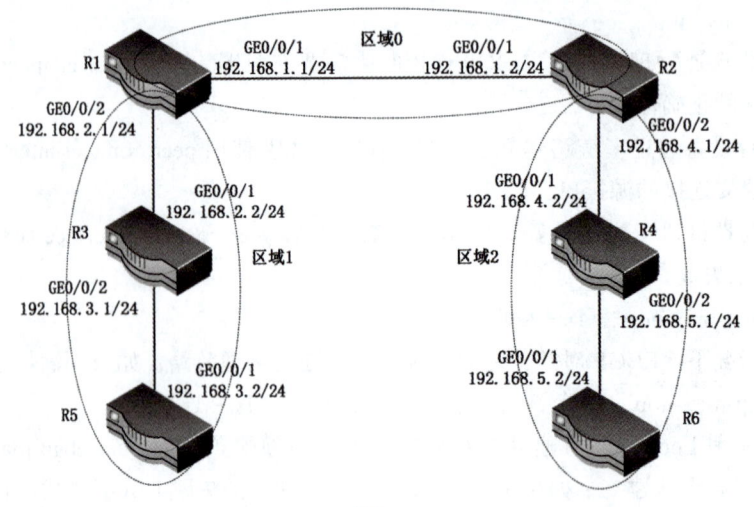

图2

（1）A．R1　　　　B．R2　　　　C．R3　　　　D．R4
（2）A．display bgp routing-table　　B．display isis lsdb
　　C．display ospf peer　　　　　　D．dis ip routing-table
（3）A．State　　B．Mode　　C．Priority　　D．MTU

答案：(1) A　(2) C　(3) A

2．查看 OSPF 接口的开销、状态、类型、优先级等的命令是__(1)__；查看 OSPF 在接收报文时出错记录的命令是__(2)__。

（1）A．display ospf　　　　　　　B．display ospf error
　　C．display ospf interface　　　D．display ospf neighbor
（2）A．display ospf　　　　　　　B．display ospf error
　　C．display ospf interface　　　D．display ospf neighbor

答案：(1) C　(2) B

第 26 章

路由高级配置知识点梳理及考点实练

26.0　章节考点分析

第 26 章主要学习策略路由和 MQC 配置等内容。

根据考试大纲，本章知识点会涉及单项选择题与案例分析题，单项选择题预计分值 3～6 分。本章内容侧重于概念知识，多数参照教材。本章的架构如图 26-1 所示。

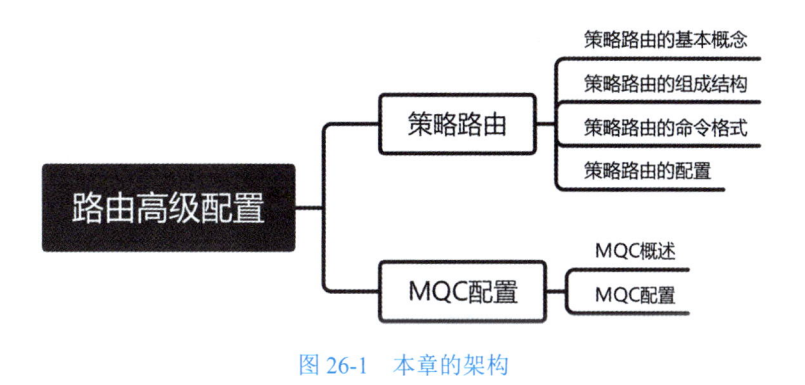

图 26-1　本章的架构

【导读小贴士】

网络流量的精准掌控是网络高效运行的关键，网络工程师应透彻领悟策略路由依策导包之机制与 MQC 分流施控之技法，以此构建稳健流量管理框架，为网络通信畅达、资源合理调配及业务高效推进筑牢根基。

26.1 策略路由考点梳理

【基础知识点】

1. 策略路由的基本概念

策略路由（Policy-Based Routing，PBR）通过预设策略选择数据包的路由。配置 PBR 后，符合条件的数据包优先按策略转发，否则按常规流程转发。PBR 分为本地策略路由、接口策略路由和智能策略路由（Smart Policy Routing，SPR）。接口策略路由仅影响转发数据包，不影响本地数据包。智能策略路由基于业务需求，能探测链路质量并智能选择路径，有助于避免网络问题。

2. 策略路由的组成结构

PBR 与 route-policy 类似，由多个节点组成，每个节点由匹配条件（条件语句）和执行动作（执行语句）组成。每个节点内可包含多个条件语句。节点内的多个条件语句之间的关系为"与"，即匹配所有条件语句才会执行本节点内的动作。节点之间的关系为"或"，PBR 根据节点编号从小到大顺序执行，匹配当前节点将不会继续向下匹配。

3. 策略路由的命令格式

创建名为 net32h 的 PBR，节点是 10，调用 acl 3000，指定其转发下一跳为 32.28.45.45。

```
policy-based-route net32h permit node 10
if-match acl 3000
  apply ip-address next-hop 32.28.45.45
```

4. 策略路由的配置

配置需求：内网存在两个网段 192.168.1.0/24、192.168.2.0/24，在 RTA 的 GE0/0/0 接口部署 PBR，实现网段 1 通过 ISP1 访问 Internet、网段 2 通过 ISP2 访问 Internet，拓扑如图 26-2 所示。

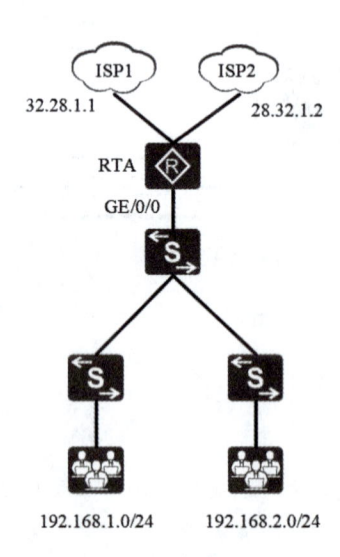

图 26-2　策略路由配置

主要配置如下，其他配置略。

（1）配置 ACL 3000，rule 5 匹配网段 1 访问 Internet 的流量。

[RTA]acl 3000
[RTA-acl-adv-3000]rule 5 permit ip source 192.168.1.0 0.0.0.255 destination 0.0.0.0 0

（2）配置 ACL 3001，rule 5 匹配网段 2 访问 Internet 的流量。

[RTA]acl 3001
[RTA-acl-adv-3001]rule 5 permit ip source 192.168.2.0 0.0.0.255 destination 0.0.0.0 0

（3）创建 PBR 的名称 net32h，创建节点 10，调用 acl 3000，指定其转发下一跳为 32.28.1.1。

[RTA]policy-based-route net32h permit node 10
[RTA-policy-based-route-net32h-10]if-match acl 3000
[RTA-policy-based-route-net32h-10]apply ip-address next-hop 32.28.1.1

（4）创建 PBR net32h 节点 20，调用 ACL 3001，指向其转发下一跳为 28.32.1.2。

[RTA]policy-based-route net32h permit node 20
[RTA-policy-based-route-net32h-20]if-match acl 3001
[RTA-policy-based-route-net32h-20]apply ip-address next-hop 28.32.1.2

（5）在 GE0/0/0 接口调用名称为 net32h 的 PBR。

[RTA]interface GigabitEthernet 0/0/0
[RTA-GigabitEthernet0/0/0]ip policy-based-route net32h

26.2　MQC 配置考点梳理

【基础知识点】

1. MQC 概述

模块化 QoS 命令行（Modular QoS，MQC）通过分类数据流并提供相应服务来管理网络流量。它包括配置优先级重标记、报文过滤和重定向等功能。流分类定义了流量匹配规则，规则间关系默认为 or。流行为指定了对报文执行的动作，如过滤、重标记或重定向。流策略将分类和行为绑定，应用于入方向或出方向的报文。

2. MQC 配置

配置需求：内网存在两个网段 192.168.1.0/24、192.168.2.0/24，将 MQC 调用在 RTA 的 GE0/0/0 接口，实现网段 1 通过 ISP1 访问 Internet、网段 2 通过 ISP2 访问 Internet，拓扑如图 26-3 所示。

主要配置如下，其他配置略。

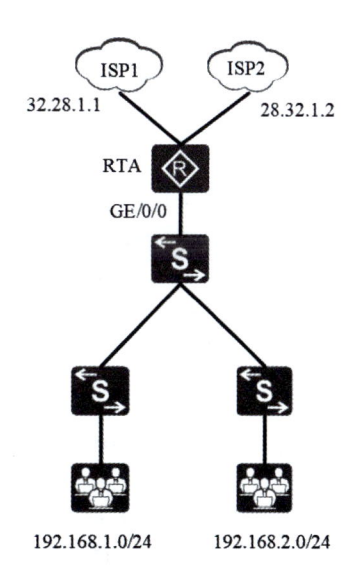

图 26-3　MQC 配置

（1）配置 ACL3000、3001 分别匹配网段 1、网段 2 访问 Internet 的流量。

[RTA]acl 3000
[RTA-acl-adv-3000]rule 5 permit ip source 192.168.1.0 0.0.0.255 destination 0.0.0.0 0
[RTA]acl 3001
[RTA-acl-adv-3001]rule 5 permit ip source 192.168.2.0 0.0.0.255 destination 0.0.0.0 0

（2）创建流分类 1、2 分别匹配 acl 3000、acl 3001。

[RTA]traffic classifier 1
[RTA-classifier-1]if-match acl 3000
[RTA]traffic classifier 2
[RTA-classifier-2]if-match acl 3001

（3）创建流行为 1、2 分别执行将报文重定向到 32.28.1.1、28.32.1.1 的动作。

[RTA]traffic behavior 1
[RTA-behavior-1]redirect ip-nexthop 32.28.1.1
[RTA]traffic behavior 2
[RTA-behavior-2]redirect ip-nexthop 28.32.1.1

（4）创建流策略 net32h，将流分类 1、2 与流行为 1、2 一一绑定。

[RTA]traffic policy net32h
[RTA-trafficpolicy-net32h]classifier 1 behavior 1
[RTA-trafficpolicy-net32h]classifier 2 behavior 2

（5）在 GE0/0/0 接口入方向调用流策略 net32h。

[RTA]interface GigabitEthernet 0/0/0
[RTA-GigabitEthernet0/0/0]traffic-policy net32h inbound

26.3 考点实练

按照公司规定，禁止市场部和研发部在工作日 8:00—18:00 时段访问公司视频服务器，其他部门和用户不受此限制。请根据描述，将以下配置代码补充完整，其拓扑图如下所示。

……
[Switch]＿＿（1）＿＿ satime 8：00 to 18：00 working-day
[Switch] acl 3002
[Switch-acl-adv-3002] rule deny ip source 10.10.2.0 0.0.0.255 destination 10.10.20.1 0.0.0.0 time-range satime
[Switch-acl-adv-3002]quit
[Switch] acl 3003
[Switch-acl-adv-3003] rule deny ip source 10.10.3.0 0.0.0.255 destination 10.10.20.1 0.0.0.0 time-range satime
[Switch-acl-adv-3003] quit
[Switch] traffic classifier c_market   //＿＿（2）＿＿
[Switch-classifier-c_market]＿＿（3）＿＿ acl 3002   // 将 ACL 与流分类关联
[Switch-classifier-c_market] quit

```
[Switch] traffic classifier c_rd
[Switch-classifier-c_rd] if-match acl 3003                // 将 ACL 与流分类关联
[Switch-classifier-c_rd] quit
[Switch] __(4)__ b_market                                  // 创建流行为
[Switch-behavior-b_market] __(5)__                         // 配置流行为动作为拒绝报文通过
[Switch-behavior-b_market ] quit
[Switch] traffic behavior b_rd
[Switch-behavior-b_rd] deny
[Switch-behavior-b_rd] quit
[Switch] __(6)__ p_market                                  // 创建流策略
[Switch-trafficpolicy-p_market] classifier c_market behavior b_market
[Switch-trafficpolicy-p_market] quit
[Switch] trafficpolicy p_rd                                // 创建流策略
[Switch-trafficpolicy-p_rd] classifier c_rd behavior b_rd
[Switch-trafficpolicy-p_rd] quit
[Switch] interface __(7)__
[Switch-GigabitEthernet0/0/2] traffic-policy p_market __(8)__
[Switch-GigabitEthernet0/0/2] quit
[Switch] interface gigabitethernet 0/0/3
[Switch-GigabitEthernet0/0/3] traffic-policy __(9)__ inbound
[Switch-GigabitEthernet0/0/3] quit
```

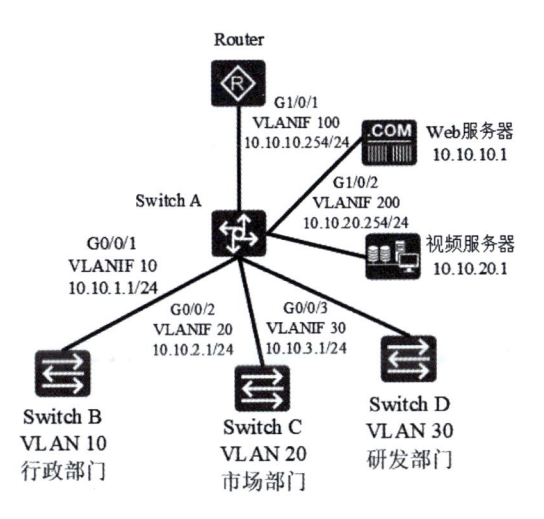

答案：（1）time-range；（2）创建流分类；（3）if-match；（4）traffic behavior；（5）deny；（6）traffic policy；（7）gigabitethernet 0/0/2；（8）inbound；（9）p_rd

第 27 章
可靠性配置知识点梳理及考点实练

27.0 章节考点分析

第 27 章主要学习网络可靠性相关基础与配置等内容。

根据考试大纲，本章知识点会涉及单项选择题与案例分析题，单项选择题预计分值 2~3 分。本章内容侧重于概念知识，多数参照教材。本章的架构如图 27-1 所示。

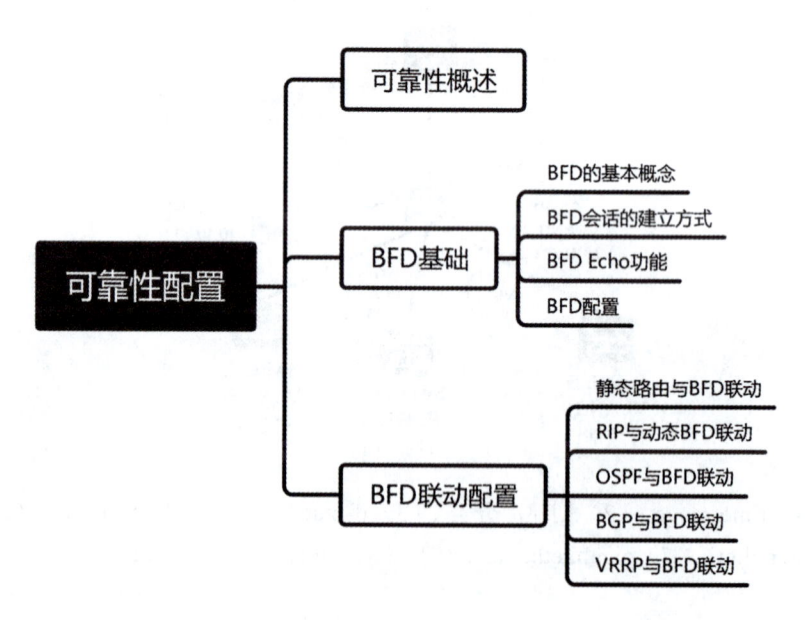

图 27-1 本章的架构

【导读小贴士】

网络可靠性是保障业务连续的核心要素，网络工程师应深入理解 BFD 原理及会话机制，熟练掌握其与多种路由协议和 VRRP 的联动配置，从而构建高可靠网络，快速感知故障并切换链路，确保网络服务不间断，业务运行无阻碍。

27.1 可靠性概述考点梳理

【基础知识点】

网络中断可能严重影响 IPTV 和视频会议等业务，因此网络可靠性至关重要。在现实网络中，非技术问题常导致故障。提升系统可靠性需增强容错性、加快故障恢复、减少故障影响。我们用平均故障间隔时间（Mean Time Between Failures，MTBF）和平均修复时间（Mean time to repair，MTTR）评估系统可靠性，MTBF 高表示可靠性好，MTTR 低也表示可靠性高。

27.2 BFD 基础考点梳理

【基础知识点】

1. BFD 的基本概念

双向转发检测（BFD）提供了一个通用的、标准化的、介质无关和协议无关的快速故障检测机制，用于快速检测、监控网络中链路或者 IP 路由的转发连通状态。

2. BFD 会话的建立方式

BFD 会话的建立有两种方式，即静态建立 BFD 会话和动态建立 BFD 会话。BFD 通过控制报文中的本地标识符和远端标识符来区分不同的会话。

（1）静态建立 BFD 会话是指通过命令行手工配置 BFD 会话参数，手工配置本地标识符和远端标识符等，然后手工下发 BFD 会话建立请求。

（2）动态建立 BFD 会话的本地标识符由触发创建 BFD 会话的系统动态分配，远端标识符从收到对端 BFD 消息的 Local Discriminator 的值学习而来。

3. BFD Echo 功能

（1）BFD Echo 功能也叫 BFD 回声功能，是由本地发送 BFD Echo 报文，远端系统将报文环回的一种检测机制。

（2）在两台相连设备中，若一台支持 BFD 而另一台不支持，可在支持 BFD 的设备上建立单臂回声 BFD 会话。该设备发起回声请求，不支持 BFD 的设备将报文环回，以检测转发链路连通性。

4. BFD 配置

（1）配置一个名为 net32h 的 BFD 会话，使用缺省组播地址对绑定本端 GigabitEthernet0/0/1 接口的单跳链路进行检测。

[HUAWEI]bfd net32h bind peer-ip default-ip interface Gigabitethernet 0/0/1
[HUAWEI-bfd-session-net32h]quit

（2）创建名称为 net32h 的 BFD 会话，对从本端接口 VLANIF100 到对端 IP 地址为 192.168.10.2 的单跳链路进行检测。

[HUAWEI]bfd
[HUAWEI-bfd]quit
[HUAWEI]bfd net32h bind peer-ip 192.168.10.2 interface vlanif 100

（3）创建名为 net32h 的 BFD 会话，检测到对端 IP 地址为 192.168.20.2 的多跳链路。

[HUAWEI]bfd
[HUAWEI-bfd]quit
[HUAWEI]bfd net32h bind peer-ip 192.168.20.2

（4）配置静态标识符自协商 BFD 会话。

[HUAWEI]bfd
[HUAWEI-bfd]quit
[HUAWEI]bfd net32h bind peer-ip 192.168.1.2 interface vlanif 100 source-ip 192.168.1.1 auto

（5）配置名称为 net32h 的单臂回声功能的 BFD 会话。

[HUAWEI]bfd net32h bind peer-ip 10.10.10.1 interface vlanif 100 source-ip 10.10.10.2 one-arm-echo
[HUAWEI-bfd-session-net32h]discriminator local 100
[HUAWEI-bfd-session-net32h]commit
[HUAWEI-bfd-session-net32h]

27.3 BFD 联动配置考点梳理

【基础知识点】

1. 静态路由与 BFD 联动

配置需求：RouterA 通过 RouterB 和服务器跨网段相连。在 RouterA 上通过静态路由与服务器进行正常通信，在 RouterA 和 RouterB 上配置 BFD Session。配置 RouterA 到服务器的静态路由并绑定 BFD Session，实现毫秒级故障感知，拓扑如图 27-2 所示。

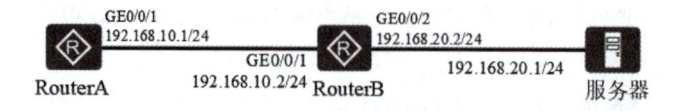

图 27-2 静态路由与 BFD 联动

主要配置步骤如下：

（1）配置 RouterA 和 RouterB 间的 BFD 会话。

[RouterA]bfd
[RouterA-bfd]quit
[RouterA]bfd net32h-a bind peer-ip 192.168.10.2
[RouterA-bfd-session-net32h-a]discriminator local 10
[RouterA-bfd-session-net32h-a]discriminator remote 20
[RouterA-bfd-session-net32h-a]commit
[RouterA-bfd-session-net32h-a]quit

（2）在 RouterB 配置与 RouterA 之间的 BFD Session。

[RouterB]bfd
[RouterB-bfd]quit
[RouterB]bfd net32h-b bind peer-ip 192.168.10.1
[RouterB-bfd-session-net32h-b]discriminator local 20
[RouterB-bfd-session-net32h-b] discriminator remote 10
[RouterB-bfd-session-net32h-b]commit
[RouterB-bfd-session-net32h-b]quit

（3）配置静态路由并绑定 BFD 会话。

在 RouterA 配置到外部网络的静态路由，并绑定 BFD 会话 net32h-a。

[RouterA]ip route-static 192.168.20.0 24 192.168.10.2 track bfd-session net32h-a

2. RIP 与动态 BFD 联动

配置需求：在 SwitchA 和 SwitchB 上配置 RIP 与动态 BFD 联动，通过 BFD 快速检测链路的状态，从而提高 RIP 的收敛速度，实现链路的快速切换，拓扑图如图 27-3 所示。

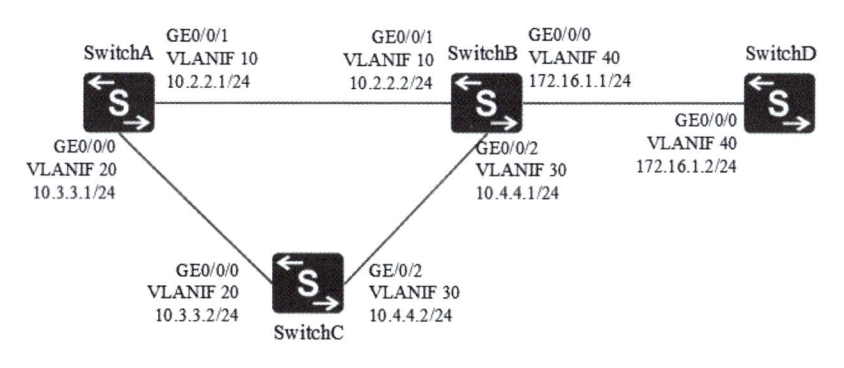

图 27-3 RIP 与动态 BFD 联动

配置 SwitchA 上所有接口的 BFD 特性，主要配置如下。

[SwitchA]bfd
[SwitchA-bfd]quit

```
[SwitchA]rip 1
[SwitchA-rip-1]bfd all-interfaces enable
[SwitchA-rip-1]bfd all-interfaces min-tx-interval 100 min-rx-interval 100 detect-multiplier 10
[SwitchA-rip-1]quit
```

3. OSPF 与 BFD 联动

配置需求：配置 OSPF 与 BFD 联动，通过设置所有 OSPF 接口的 BFD 会话参数进一步提高链路状态变化时 OSPF 的收敛速度；将 BFD 会话的最大发送间隔和最大接收间隔都设置为 100ms，检测次数默认不变，拓扑如图 27-4 所示。

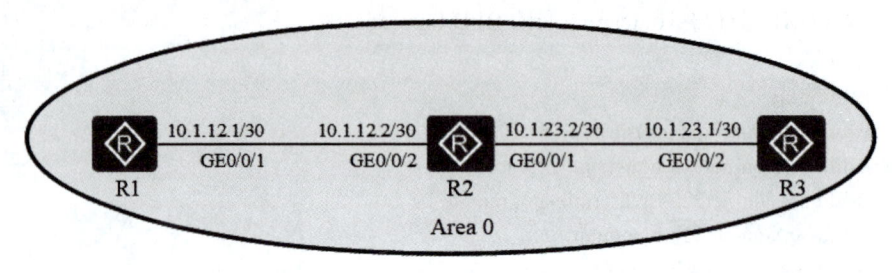

图 27-4　OSPF 与 BFD 联动

主要配置步骤如下。

```
[R1]bfd
[R1-bfd] quit
[R1]interface GigabitEthernet 0/0/1
[R1-GigabitEthernet0/0/1]ip address 10.1.12.1 30
[R1]ospf 1
[R1-ospf-1]area 0
[R1-ospf-1-area-0.0.0.0]network 10.1.12.0 0.0.0.3
[R1-ospf-1-area-0.0.0.0]quit
[R1-ospf-1]bfd all-interfaces enable
[R1-ospf-1]bfd all-interfaces min-tx-interval 100 min-rx-interval 100 detect-multiplier 3
```

4. BGP 与 BFD 联动

配置需求：RouterA 属于 AS 100，RouterB 和 RouterC 属于 AS 200，路由器 RouterA 和 RouterB，RouterA 和 RouterC 建立非直连 EBGP 连接。业务流量在主链路 RouterA → RouterB 上传送，链路 RouterA → RouterC → RouterB 为备份链路。要求实现故障的快速感知，使得流量从主链路快速切换至备份链路转发，拓扑如图 27-5 所示。

主要配置步骤如下。

（1）以 RouterA 为例，配置 RouterA 各接口的 IP 地址。

```
[RouterA]interface GigabitEthernet 1/0/0
[RouterA-GigabitEthernet1/0/0]ip address 200.168.2.1 255.255.255.0
```

[RouterA-GigabitEthernet1/0/0]quit
[RouterA]interface GigabitEthernet 2/0/0
[RouterA-GigabitEthernet2/0/0]ip address 200.168.1.1 255.255.255.0
[RouterA-GigabitEthernet2/0/0]quit

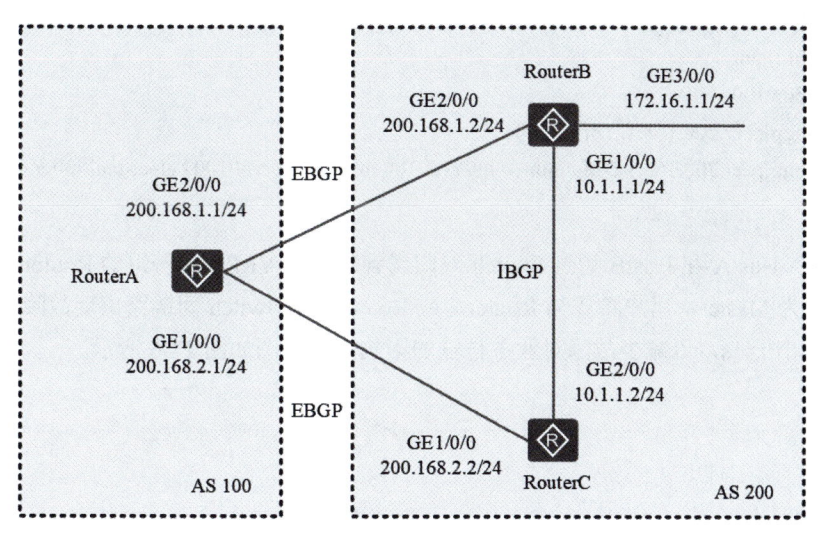

图 27-5　BGP 与 BFD 联动

（2）在 RouterA 和 RouterB，RouterA 和 RouterC 之间建立 EBGP 连接，RouterB 和 RouterC 之间建立 IBGP 连接，以 RouterA 为例，其他配置略。

[RouterA]bgp 100
[RouterA-bgp]router-id 1.1.1.1
[RouterA-bgp]peer 200.168.1.2 as-number 200
[RouterA-bgp]peer 200.168.1.2 ebgp-max-hop
[RouterA-bgp]peer 200.168.2.2 as-number 200
[RouterA-bgp]peer 200.168.2.2 ebgp-max-hop
[RouterA-bgp]quit

（3）通过策略配置 RouterB 和 RouterC 发送给 RouterA 的 MED 值。

[RouterB]route-policy 10 permit node 10
[RouterB-route-policy]apply cost 100
[RouterB-route-policy]quit
[RouterB]bgp 200
[RouterB-bgp]peer 200.168.1.1 route-policy 10 export
[RouterC]route-policy 10 permit node 10
[RouterC-route-policy]apply cost 150
[RouterC-route-policy]quit

[RouterC]bgp 200

[RouterC-bgp]peer 200.168.2.1 route-policy 10 export

（4）在 RouterA 上使能 BFD 功能，并指定最小发送和接收间隔为 100ms，本地检测时间倍数为 4。

[RouterA]bfd

[RouterA-bfd]quit

[RouterA]bgp 100

[RouterA-bgp]peer 200.168.1.2 bfd enable

[RouterA-bgp]peer 200.168.1.2 bfd min-tx-interval 100 min-rx-interval 100 detect-multiplier 4

5．VRRP 与 BFD 联动

配置需求：HostA 和 HostB 通过 Switch 双归属到部署了 VRRP 备份组的 RouterA 和 RouterB，其中 RouterA 为 Master。用户希望当 RouterA 或 RouterA 到 Switch 间链路出现故障时，主备网关间的切换时间小于 1s，以减少故障对业务传输的影响，拓扑图如图 27-6 所示。

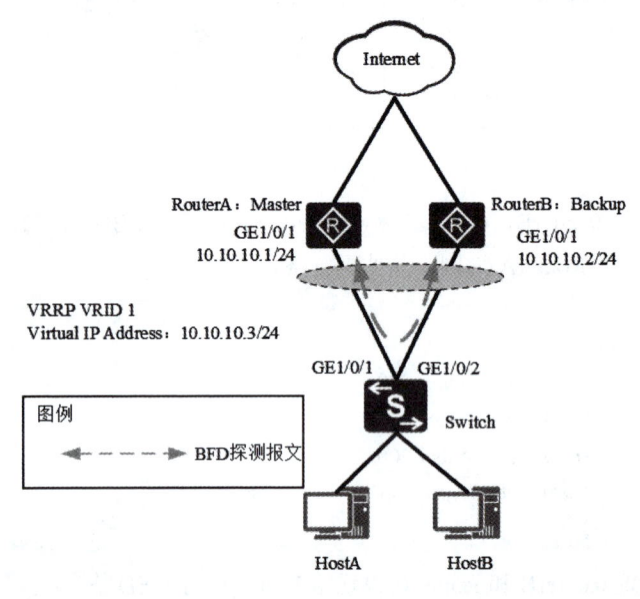

图 27-6　VRRP 与 BFD 联动

主要配置步骤如下。

（1）在 RouterA 上配置 BFD 会话。

[RouterA]bfd

[RouterA-bfd]quit

[RouterA]bfd net32h bind peer-ip 10.10.10.2 interface GigabitEthernet 1/0/1

[RouterA-bfd-session-atob]discriminator local 1

[RouterA-bfd-session-atob]discriminator remote 2
[RouterA-bfd-session-atob]min-rx-interval 50
[RouterA-bfd-session-atob]min-tx-interval 50
[RouterA-bfd-session-atob]commit
[RouterA-bfd-session-atob]quit

（2）在 RouterB 上配置 VRRP 与 BFD 联动，当 BFD 会话状态为 Down 时，RouterB 的优先级增加 40。

[RouterB]interface GigabitEthernet 1/0/1
[RouterB-GigabitEthernet1/0/1]vrrp vrid 1 track bfd-session 2 increased 40
[RouterB-GigabitEthernet1/0/1]quit

27.4 考点实练

如下图所示，SwitchA 通过 SwitchB 和 NMS 跨网段相连并正常通信。SwitchA 与 SwitchB 配置相似，从给出的 SwitchA 的配置文件可知该配置实现的是 (1) ，验证配置结果的命令是 (2) 。

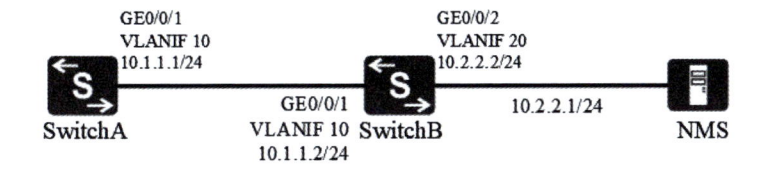

SwitchA 的配置文件：
sysname SwitchA
vlan batch 10
bfd
interface Vlanif1 0
ip address 10.1.1.1 255.255.255.0
interface GigabitEthernet0/0/1
port link-type trunk
port trunk allow-pass vlan 10
bfd aa bind peer-ip 10.1.1.2
discriminator local 10
discriminator remote 20
commit
ip route-static 10.2.2.0 255.255.255.0 10.1.1.2 track bfd-session aa
return

（1）A．实现毫秒级链路故障感知并刷新路由表

　　　B．能够感知链路故障并进行链路切换

　　　C．将感知到的链路故障通知 NMS

　　　D．自动关闭故障链路接口并刷新路由表

（2）A．display nqa results

　　　B．display bfd session all

　　　C．display efm session all

　　　D．display current-configuration | include nqa

答案：（1）A　（2）B

第 28 章 用户接入与认证知识点梳理及考点实练

28.0 章节考点分析

第 28 章主要学习用户接入与认证、AAA 认证和 NAC 接入认证等内容。

根据考试大纲，本章知识点会涉及单项选择题，预计分值 1～2 分。本章内容侧重于概念知识，多数参照教材。本章的架构如图 28-1 所示。

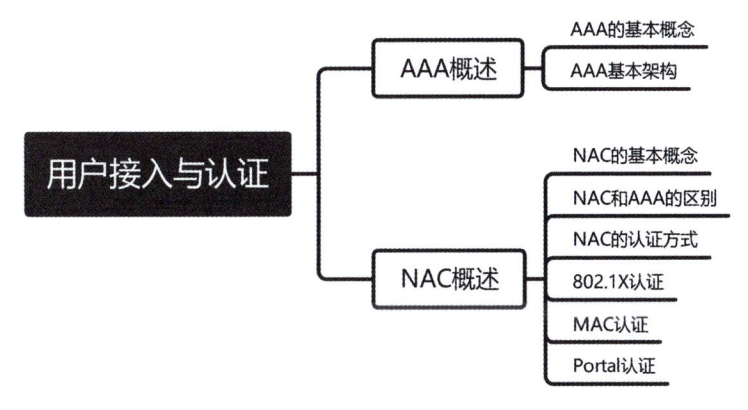

图 28-1 本章的架构

【导读小贴士】

网络工程师要掌握 AAA 的认证、授权、计费原理及架构，了解其与 NAC 协同机制，熟悉

NAC 的多种认证方式特点，从而构建安全灵活的网络接入控制系统，保障网络资源使用的合规性与安全性。

28.1　AAA 概述考点梳理

【基础知识点】

1. AAA 的基本概念

访问控制管理确保用户根据权限访问网络资源。AAA，即认证（Authentication）、授权（Authorization）和计费（Accounting），是网络接入服务器上用于配置访问控制的框架。它通过用户认证、授权和计费来增强系统安全性，防止未授权访问。AAA 以模块化方式提供认证、授权和计费服务，包括确认用户身份、分配用户权限以及记录网络服务使用详情，以监控和计费网络资源使用。

2. AAA 基本架构

AAA 系统采用客户端/服务器架构，客户端在接入设备上负责用户验证和接入控制，而服务器集中处理认证、授权和计费，如图 28-2 所示。AAA 服务器支持根据网络需求，选择不同协议的服务器来执行认证、授权和计费任务。用户可以选择使用 AAA 服务器的一个或两个安全服务。AAA 通常通过 RADIUS 或 HWTACACS 协议实现，其中 RADIUS 更为常用。

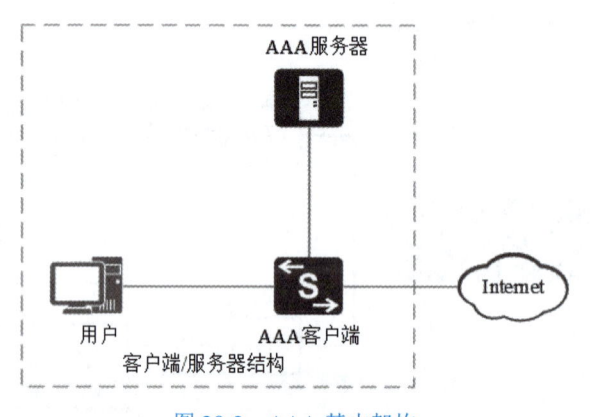

图 28-2　AAA 基本架构

28.2　NAC 概述考点梳理

【基础知识点】

1. NAC 的基本概念

网络接入控制（Network Access Control，NAC）通过认证客户端和用户确保网络安全，是一种端到端的安全技术。

2. NAC 和 AAA 的区别

NAC 和 AAA 协同工作以实现接入认证。NAC 管理用户与接入设备的交互，控制接入方式和相关参数，确保安全连接。AAA 负责接入设备与服务器间的认证、授权和计费，控制用户访问权限。

3. NAC 的认证方式

NAC 提供 3 种认证方式：802.1X、MAC 和 Portal 认证。它们应用于不同场景，可根据需要选择单一认证或多种认证的组合。NAC 的认证方式对比见表 28-1。

表 28-1　NAC 的认证方式

对比项	802.1X 认证	MAC 认证	Portal 认证
应用场景	新建网络，用户集中，严格信息安全要求的场景	打印机和传真机等设备接入认证场景	用户分散且流动性大的场景
是否需要客户端	需要	不需要	不需要
优点	安全性高	无须安装客户端	部署灵活
缺点	部署不灵活	需登记 MAC 地址，管理复杂	安全性不高

4. 802.1X 认证

（1）802.1X 协议是一种网络接入控制协议，用于验证用户身份并控制其访问权限。作为二层协议，它对设备性能要求低，有助于减少建网成本。此外，它通过分离认证和数据报文来提升安全性。

（2）802.1X 系统采用 Client/Server 架构，涉及客户端、接入设备和认证服务器三个主要部分。客户端通常是用户终端，通过运行软件启动 802.1X 认证过程，并需支持局域网上的可扩展认证协议（Extensible Authentication Protocol over LANs，EAPoL）。接入设备是支持 802.1X 的网络设备，提供接入局域网的端口。认证服务器，通常是 RADIUS 服务器，负责用户认证、授权和计费。

5. MAC 认证

（1）MAC 认证，即 MAC 地址认证，通过接口和终端的 MAC 地址控制用户访问权限。此方法无须安装客户端软件，用户无须手动输入认证信息，也支持对无 802.1X 功能的终端如打印机和传真机进行认证。

（2）MAC 认证系统采用客户端/服务器架构，涉及三个主要组件：终端、接入设备和认证服务器。终端设备寻求网络接入。接入设备作为网络的控制点，执行企业安全策略，进行准入控制。认证服务器负责验证终端身份，并规定其网络访问权限。

6. Portal 认证

Portal 认证，即 Web 认证，常用于门户网站。用户上网需通过此认证访问网络资源，无须额外软件，直接在 Web 页面操作。Portal 页面便于业务拓展，部署灵活，可用于接入层或关键数据入口的访问控制。认证可基于用户名及 VLAN/IP/MAC 地址组合进行用户管理。

28.3　考点实练

1. 下列认证方式中，安全性较低的是（　　）。
   A．生物认证　　　B．多因子认证　　　C．口令认证　　　D．U 盾认证

   答案：C

2. AAA 认证不包括（　　）。
   A．计费　　　　　B．授权　　　　　　C．认证　　　　　D．接入

   答案：D

第 29 章

安全设备知识点梳理及考点实练

29.0 章节考点分析

第 29 章主要学习 VPN 基础和防火墙基础等内容。

根据考试大纲，本章知识点会涉及单项选择题，预计分值 1~3 分。本章内容侧重于概念知识，多数参照教材。本章的架构如图 29-1 所示。

```
                            ┌─ IPSec协议体系
                            ├─ IPSec的安全机制
                            ├─ 密钥交换方式
              ┌─ IPSec VPN ─┼─ IKE安全机制
              │             ├─ IKE协议版本
              │             └─ 安全联盟
   安全设备 ──┤
              │             ┌─ 安全区域
              │             ├─ 安全策略
              │             ├─ 安全域间流动方向
              └─ 防火墙技术 ┼─ 会话表
                            ├─ 多通道协议
                            └─ ASPF和Server-map
```

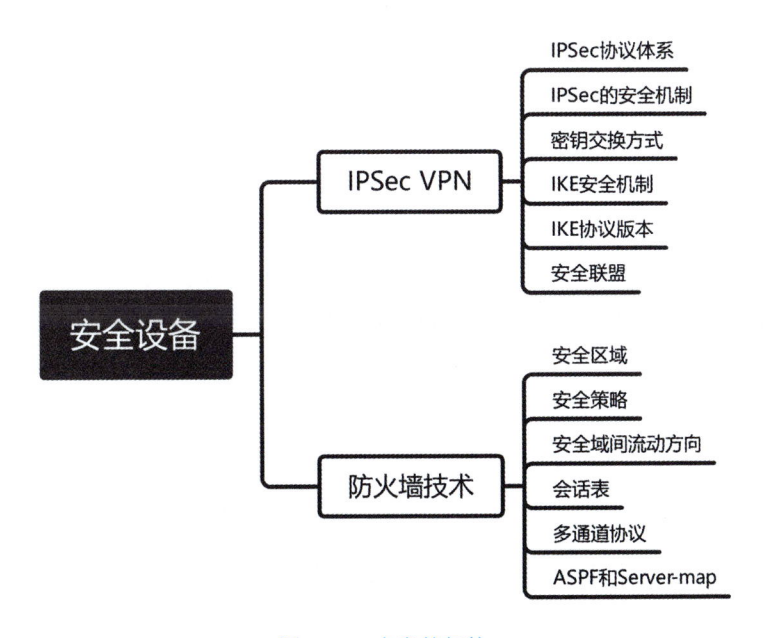

图 29-1 本章的架构

【导读小贴士】

网络安全防护与数据加密传输是网络稳健运行的关键防线，网络工程师应深度洞悉 IPSec 协议的安全架构与机制，熟练驾驭防火墙技术的区域规划、策略设定及多协议应用，从而构建坚不可摧的网络安全壁垒，保障数据传输的机密性与完整性，护航网络业务的持续稳定发展。

29.1 IPSec VPN 考点梳理

【基础知识点】

1. IPSec 协议体系

IPSec 是 Internet Protocol Security 的缩写，是一种用于保护 IP 层通信安全的协议套件。在 TCP/IP 协议网络中，由于 IP 协议的安全脆弱性，如地址假冒、易受篡改、窃听等，Internet 工程组（IETF）成立了 IPSec 工作组，研究提出解决上述问题的安全方案。根据 IP 的安全需求，IPSec 工作组制定了相关的 IP 安全系列规范：认证头（Authentication Header，AH）、封装安全有效负荷（Encapsulation Security Payload，ESP）以及密钥交换协议。IPSec 协议体系如图 29-2 所示。

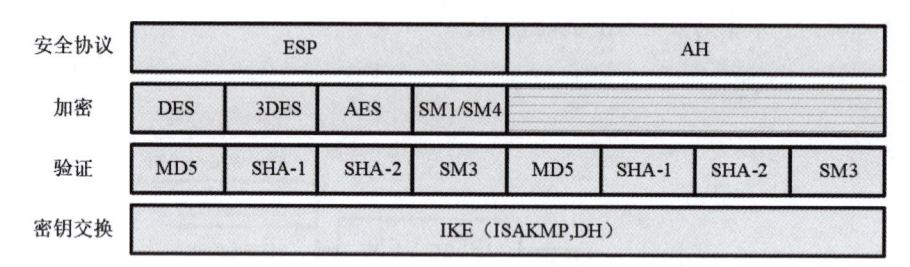

安全协议	ESP				AH			
加密	DES	3DES	AES	SM1/SM4				
验证	MD5	SHA-1	SHA-2	SM3	MD5	SHA-1	SHA-2	SM3
密钥交换	IKE（ISAKMP,DH）							

图 29-2　IPSec 协议体系

（1）AH 又称为认证头协议，主要是保证 IP 包的完整性和提供数据源认证，为 IP 数据报文提供无连接的完整性、数据源鉴别和抗重放攻击服务。

（2）ESP 是封装安全载荷协议，主要提供加密、数据源验证、数据完整性验证和防报文重放功能。IPSec VPN 通过认证头（AH）和封装安全载荷（ESP）实现 IP 报文的安全保护。

（3）AH 协议与 ESP 协议比较见表 29-1。

表 29-1　AH 协议与 ESP 协议比较

对比项	AH	ESP
协议号	51	50
数据完整性校验	支持验证整个 IP 报文	传输模式：不验证 IP 头；隧道模式：验证整个 IP 报文

续表

对比项	AH	ESP
数据源验证	支持	支持
数据加密	不支持	支持
防报文重放攻击	支持	支持
NAT 穿越	不支持	支持

2. IPSec 的安全机制

（1）加密机制保证数据的机密性，防止数据在传输过程中被窃听；验证机制能保证数据真实可靠，防止数据在传输过程中被仿冒和篡改。

（2）IPSec 的加密功能，无法验证解密后的信息是不是原始发送的信息，信息是否完整。IPSec 采用 HMAC 功能，比较完整性校验值（Integrity Check Value，ICV）进行数据包完整性和真实性验证。

（3）加密和验证常一起使用。IPSec 发送方加密报文并生成数字签名，两者一同发送；接收方用相同方法处理加密报文，比较签名以验证数据完整性，不匹配则丢弃，匹配则解密。

3. 密钥交换方式

（1）在发送、接收设备上手工配置静态的加密、验证密钥。双方通过带外共享的方式（如电话、短信、邮件等）保证密钥一致性。这种方式安全性低、可扩展性差、无法周期性修改密钥。

（2）通过 IKE 协议自动协商密钥。IKE 采用 DH 算法在不安全的网络上安全地分发密钥。这种方式配置简单，可扩展性好，特别是在大型动态的网络环境。通信双方通过交换密钥交换材料来计算共享的密钥，即使截获了用于计算密钥的所有交换数据，也无法计算出真正的密钥。

4. IKE 安全机制

（1）IKE 具有一套自我保护机制，可以在网络上安全地认证身份、分发密钥、建立 IPSec SA。IKE 支持的认证算法有：MD5、SHA-1、SHA2-256、SHA2-384、SHA2-512。IKE 支持的加密算法有：DES、3DES、AES-128、AES-192、AES-256。

（2）DH 是一种公共密钥交换方法，它用于产生密钥材料，并通过 ISAKMP 消息在发送和接收设备之间进行密钥材料交换。然后，两端设备各自计算出完全相同的对称密钥。在任何时候，通信双方都不交换真正的密钥。

（3）完善的前向安全性（PFS）通过执行一次额外的 DH 交换，确保即使 IKE SA 中使用的密钥被泄露，IPSec SA 中使用的密钥也不会受到损害。

5. IKE 协议版本

IKE 协议分 IKEv1 和 IKEv2 两个版本。IKEv2 与 IKEv1 相比提高了安全性能、简化了协商过程，在一次协商中可直接生成 IPSec 的密钥并建立 IPSec SA。

6. 安全联盟

（1）IPSec 安全传输数据的前提是在运行 IPSec 协议的两个端点之间成功建立安全联盟。

IPSec 安全联盟简称 IPSec SA，由一个三元组来唯一标识，这个三元组包括安全参数索引（SPI）、目的 IP 地址和使用的安全协议号（AH 或 ESP）。其中，SPI 是为唯一标识 SA 而生成的一个 32 位比特的数值，它被封装在 AH 和 ESP 头中。

（2）IPSec SA 是单向的逻辑连接，通常成对建立（Inbound 和 Outbound）。两个 IPSec 对等体之间的双向通信，至少需要一对 IPSec SA 形成一个安全互通的 IPSec 隧道。

（3）如果对等体同时使用了 AH 和 ESP，那么对等体之间就需要四个 SA。建立 IPSec SA 有两种方式，分别是手动方式和 IKE 方式，见表 29-2。

表 29-2　IPSec SA 的手动和 IKE 方式

对比项	手工方式	IKE 方式
加密/验证密钥配置	手工配置、易出错、密钥管理成本高	密钥通过 DH 算法生成、密钥管理成本低
刷新方式	手动刷新	动态刷新
SPI 取值	手工配置	随机生成
生存周期	SA 永久存在	SA 动态刷新
安全性	低	高
适用场景	小型网络	小型、大中型网络

29.2　防火墙技术考点梳理

【基础知识点】

1. 安全区域

（1）在防火墙上，我们用安全区域（Zone，简称为区域）来区分不同的区域。安全区域是一个或多个接口的集合，处于该区域网络中的用户具有相同的安全属性。

（2）防火墙认为在同一安全区域内部发生的数据流动是不存在安全风险的，不需要实施任何安全策略。当报文在不同的安全区域之间流动时，才会受到控制。

（3）防火墙通过接口来连接网络，将接口划分到安全区域后，通过接口就把安全区域和网络关联起来。优先级通过数字表示，且数字越大表示优先级越高。默认的安全区域既不能删除，也不允许修改优先级。用户可根据自己的需要创建自定义的 Zone。

（4）设备默认的安全区域如图 29-3 所示。

2. 安全策略

（1）当防火墙收到流量后，对流量的属性（五元组、用户、时间段等）进行识别，然后与安全策略的条件进行匹配。如果条件匹配，则此流量被执行对应的动作。安全策略动作如果为"禁止"则配置反馈报文，如图 29-4 所示。

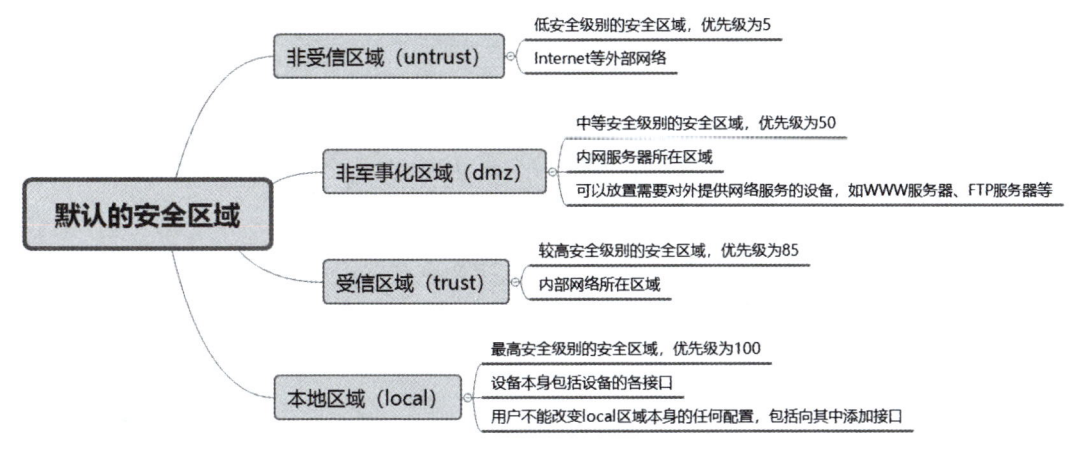

图 29-3 默认的安全区域

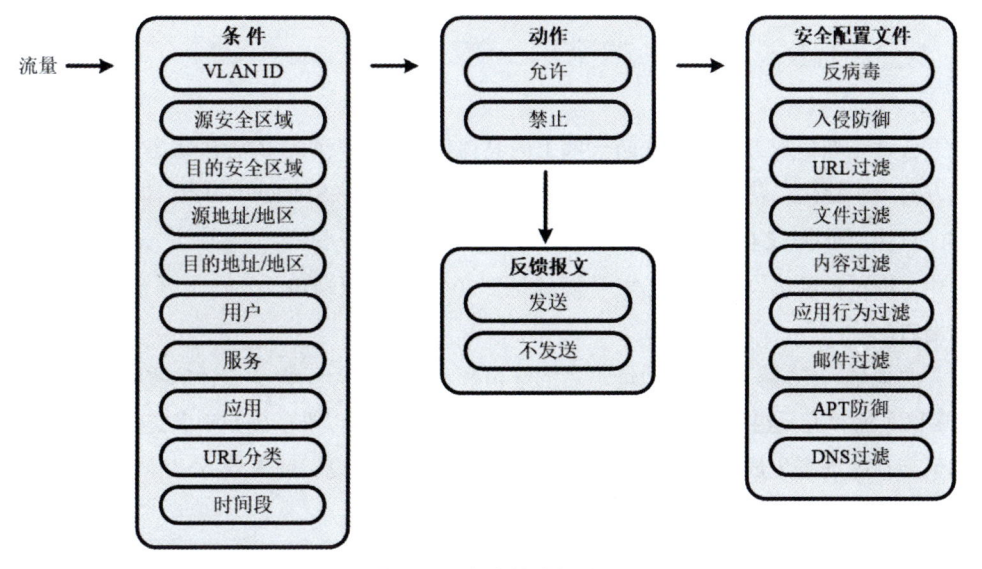

图 29-4 安全策略组成

（2）当配置多条安全策略规则时，从策略列表首条开始逐条向下匹配。如果流量匹配了某个安全策略，则不进行下一个策略的匹配。

（3）需要先配置条件精确的策略，再配置宽泛的策略。

（4）除非明确允许，否则一切行为默认禁止。如果想要允许某流量通过，可以创建安全策略。

3. 安全域间流动方向

安全域间的数据流动具有方向性，包括入方向（Inbound）和出方向（Outbound）。入方向是数据由低优先级的安全区域向高优先级的安全区域传输；出方向是数据由高优先级的安全区域向低优先级的安全区域传输，如图29-5所示。

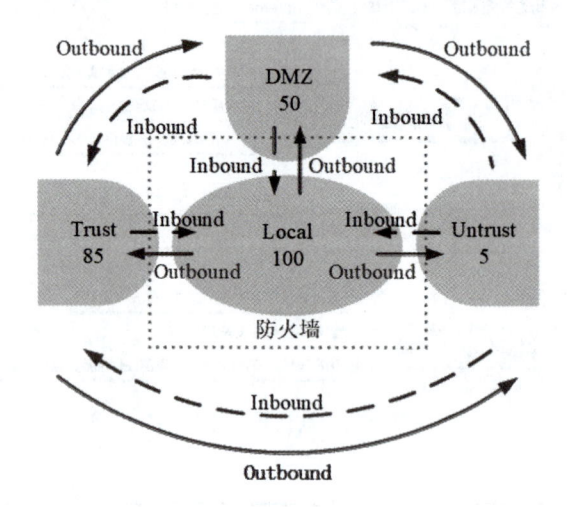

图29-5　安全域间流动方向

4. 会话表

（1）会话是通信双方的连接在防火墙上的具体体现，代表两者的连接状态，一条会话就表示通信双方的一个连接。防火墙上多条会话的集合叫作会话表（Session table），如下所示。

> http VPN：public --> public 1.1.1.1:2049-->2.2.2.2:80

其中，http 表示协议，1.1.1.1 表示源地址，2049 表示源端口，2.2.2.2 表示目的地址，80 表示目的端口。

（2）源地址、源端口、目的地址、目的端口和协议这 5 个元素是会话的重要信息，我们将这 5 个元素称之为"五元组"，在防火墙上通过这 5 个元素就可以唯一确定一条连接。

（3）会话是动态生成的，如果长时间没有报文匹配，则说明通信双方已经断开了连接，不再需要该条会话了。

5. 多通道协议

在防火墙上配置严格的单向安全策略，只会允许业务单方向发起访问。这会导致一些需占用两个或两个以上端口的协议无法工作，例如 FTP。而 ASPF 和 Server-map 机制可解决此类问题。

6. ASPF 和 Server-map

（1）ASPF 也称作基于状态的报文过滤，ASPF 功能可以自动检测某些报文的应用层信息并根据应用层信息放开相应的访问规则，即生成 Server-map 表。

（2）Server-map 表记录了类似会话表中连接的状态。Server-map 表是简化的会话表，在真实流量到达前生成。在流量真实到达防火墙时，防火墙基于 Server-map 表生成会话表然后执行转发。

29.3　考点实练

1．IPSec 是 Internet Protocol Security 的缩写，以下关于 IPSec 协议的叙述中，错误的是（　　）。
　　A．IP AH 的作用是保证 IP 包的完整性和提供数据源认证
　　B．IP AH 提供数据包的机密性服务
　　C．IP ESP 的作用是保证 IP 包的保密性
　　D．IPSec 协议提供完整性验证机制
答案：B

2．在防火墙域间安全策略中，不是 Outbound 方向数据流的是（　　）。
　　A．从 Trust 区域到 Local 区域的数据流
　　B．从 Trust 区域到 Untrust 区域的数据流
　　C．从 Trust 区域到 DMZ 区域的数据流
　　D．从 DMZ 区域到 Untrust 区域的数据流
答案：A

3．防火墙的工作模式不包括（　　）。
　　A．交叉模式　　　B．混合模式　　　C．路由模式　　　D．透明模式
答案：A

4．以下关于 IKE 的说法正确的是（　　）。
　　A．具有完善的后向安全性　　　　B．使用了 UDP 的 51 号端口
　　C．使用 Diffie-Hellman 交换　　　　D．不可以穿越 NAT
答案：C

第 30 章

安全设备配置知识点梳理及考点实练

30.0 章节考点分析

第 30 章主要学习 VPN 和防火墙配置等内容。

根据考试大纲，本章知识点会涉及单项选择题，也可能会涉及案例分析题。单项选择题预计分值 1～3 分。本章内容侧重于概念知识，多数参照教材。本章的架构如图 30-1 所示。

```
                        ┌── IPSec VPN配置步骤
         ┌── IPSec VPN配置 ──┤
         │              └── IPSec VPN基础配置
安全设备配置 ──┤
         │              ┌── 防火墙基础配置
         └── 防火墙配置 ──┤── 私网用户通过NAT No-PAT访问Internet
                        └── 公网用户通过目的NAT访问内部服务器
```

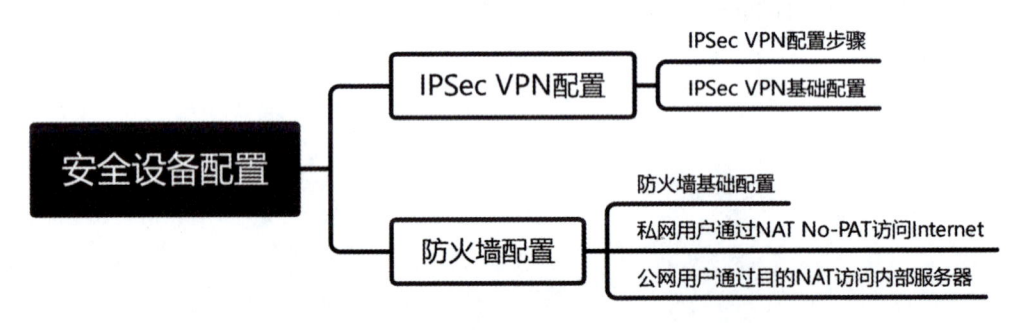

图 30-1 本章的架构

【导读小贴士】

网络安全与数据传输的优化是构建稳健网络的关键，网络工程师应深入钻研 IPSec VPN 的配置流程以保障数据加密传输，熟练掌握防火墙的各类配置要点用于精准访问控制与地址转换，从而打造安全高效、互联互通的网络架构，为网络业务的平稳运行与拓展提供坚实保障。

30.1　IPSec VPN 配置考点梳理

【基础知识点】

1. IPSec VPN 配置步骤

（1）需要双方网络层可达性，确保双方只有建立 IPSec VPN 隧道才能进行 IPSec 通信。

（2）定义数据流。可以通过配置 ACL 来定义和区分不同的数据流。

（3）配置 IPSec 安全提议。IPSec 提议定义了保护数据流所用的安全协议、认证算法、加密算法和封装模式。安全隧道两端的对等体必须使用相同的安全协议、认证算法、加密算法和封装模式。如果要在两个安全网关之间建立 IPSec 隧道，建议将 IPSec 封装模式设置为隧道模式。

（4）配置 IPSec 安全策略。IPSec 策略中会应用 IPSec 提议中定义的安全协议、认证算法、加密算法和封装模式。每一个 IPSec 安全策略都使用唯一的名称和序号来标识。IPSec 策略可分为手工建立 SA 的策略和 IKE 协商建立 SA 的策略。

（5）在一个接口上应用安全策略。

（6）IPSec VPN 配置步骤如图 30-2 所示。

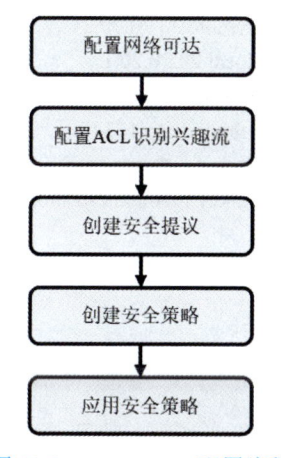

图 30-2　IPSec VPN 配置流程

2. IPSec VPN 基础配置

需求：IPSec VPN 连接是通过配置静态路由建立的，在 RTA 上配置下一跳指向 RTB 静态路由，需要配置两个方向的静态路由确保双向通信可达，拓扑图如图 30-3 所示。

主要配置如下（以 RTA 为例）。

（1）配置网络可达。

[RTA]ip route-static 10.10.20.0 24 20.20.20.2

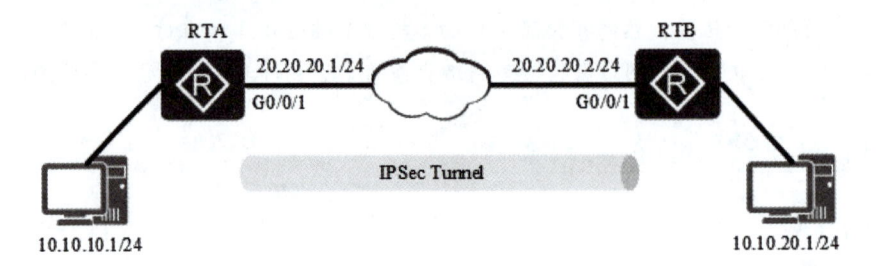

图 30-3　IPSec VPN 基础配置

（2）配置 ACL 识别兴趣流。

[RTA]acl 3001
[RTA-acl-adv-3001]rule 5 permit ip source 10.10.10.0 0.0.0.255 destination 10.10.20.0 0.0.0.255

（3）创建安全提议。

[RTA]ipsec proposal tran1
[RTA-ipsec-proposal-tran1]esp authentication-algorithm sha1

（4）创建安全策略。

[RTA]ipsec policy p1 10 manual
[RTA-ipsec-policy-manual-p1-10]security acl 3001
[RTA-ipsec-policy-manual-p1-10]proposal tran1
[RTA-ipsec-policy-manual-p1-10]tunnel remote 20.20.20.2
[RTA-ipsec-policy-manual-p1-10]tunnel local 20.20.20.1
[RTA-ipsec-policy-manual-p1-10]sa spi outbound esp 54321
[RTA-ipsec-policy-manual-p1-10]sa spi inbound esp 12345
[RTA-ipsec-policy-manual-p1-10]sa string-key outbound esp simple huawei123
[RTA-ipsec-policy-manual-p1-10]sa string-key inbound esp simple huawei123

（5）应用安全策略。

[RTA]interface GigabitEthernet 0/0/1
[RTA-GigabitEthernet0/0/1]ipsec policy p1
[RTA-GigabitEthernet0/0/1]quit

30.2　防火墙配置考点梳理

【基础知识点】

1. 防火墙基础配置

需求：防火墙将网络隔离为 3 个安全区域，trust、untrust 和 OM。其中，OM 区域优先级为 95。允许防火墙接口 GE1/0/1 响应 Ping 请求，允许 OM 区域 ICMP 流量访问 untrust 区域，拓扑图如图 30-4 所示。

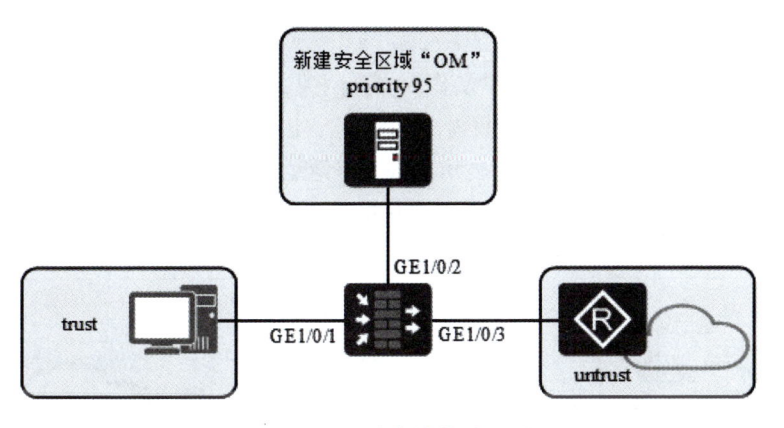

图 30-4　防火墙基础配置

主要配置如下。

（1）配置接口 IP 地址并允许 GE1/0/1 的 ping 业务。

[FW]interface GigabitEthernet 1/0/1
[FW-GigabitEthernet1/0/1]ip address 10.10.10.1 24
[FW-GigabitEthernet1/0/1]service-manage ping permit
[FW-GigabitEthernet1/0/1]interface GigabitEthernet 1/0/2
[FW-GigabitEthernet1/0/2]ip address 20.20.20.1 24
[FW-GigabitEthernet1/0/2]interface GigabitEthernet 1/0/3
[FW-GigabitEthernet1/0/3]ip address 30.30.30.1 24

（2）创建安全区域。

[FW]firewall zone name OM
[FW-zone-OM]set priority 95
[FW-zone-OM]quit

（3）将接口添加到安全区域。

[FW]firewall zone trust
[FW-zone-trust]add interface GigabitEthernet 1/0/1
[FW]firewall zone OM
[FW-zone-OM]add interface GigabitEthernet 1/0/2
[FW]firewall zone untrust
[FW-zone-untrust]add interface GigabitEthernet 1/0/3

（4）创建安全策略。

[FW-policy-security]rule name net32h
[FW-policy-security-rule-net32h]source-zone OM
[FW-policy-security-rule-net32h]destination-zone untrust
[FW-policy-security-rule-net32h]service icmp
[FW-policy-security-rule-net32h]action permit

2. 私网用户通过 NAT No-PAT 访问 Internet

需求：某公司在网络边界处部署了 FW 作为安全网关。为了使私网中 10.1.1.0/24 网段的用户可以正常访问 Internet，需要在 FW 上配置源 NAT 策略。FW 采用 NAT No-PAT 的地址转换方式，将私网地址与公网地址一对一转换。此公司向 ISP 申请了 6 个 IP 地址（1.1.1.10～1.1.1.15）作为私网地址转换后的公网地址。Router 是 ISP 提供的接入网关，拓扑图如图 30-5 所示。

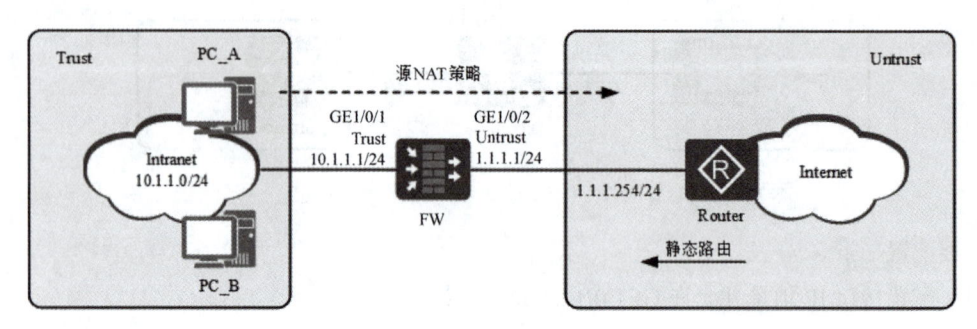

图 30-5　源 NAT 组网图

主要配置如下。

（1）将接口 GigabitEthernet 1/0/1 加入 Trust 区域，将接口 GigabitEthernet 1/0/2 加入 Untrust 区域。

[FW]firewall zone trust
[FW-zone-trust]add interface GigabitEthernet 1/0/1
[FW-zone-trust]quit
[FW]firewall zone untrust
[FW-zone-untrust]add interface GigabitEthernet 1/0/2
[FW-zone-untrust]quit

（2）配置安全策略，允许私网指定网段与 Internet 进行报文交互。

[FW]security-policy
[FW-policy-security]rule name net32h
[FW-policy-security-rule-net32h]source-zone trust
[FW-policy-security-rule-net32h]destination-zone untrust
[FW-policy-security-rule-net32h]source-address 10.1.1.0 24
[FW-policy-security-rule-net32h]action permit
[FW-policy-security-rule-net32h]quit
[FW-policy-security]quit

（3）配置 NAT 地址池，不开启端口转换。

[FW]nat address-group addressgroup1
[FW-address-group-addressgroup1]mode no-pat global
[FW-address-group-addressgroup1]section 0 1.1.1.10 1.1.1.15
[FW-address-group-addressgroup1]route enable
[FW-address-group-addressgroup1]quit

（4）配置源 NAT 策略，实现私网指定网段访问 Internet 时自动进行源地址转换。

[FW]nat-policy
[FW-policy-nat]rule name net32h
[FW-policy-nat-rule-net32h]source-zone trust
[FW-policy-nat-rule-net32h]destination-zone untrust
[FW-policy-nat-rule-net32h]source-address 10.1.1.0 24
[FW-policy-nat-rule-net32h]action source-nat address-group addressgroup1
[FW-policy-nat-rule-net32h]quit
[FW-policy-nat]quit

（5）在 FW 上配置缺省路由，使私网流量可以正常转发至 ISP 的路由器。

[FW]ip route-static 0.0.0.0 0.0.0.0 1.1.1.254

3. 公网用户通过目的 NAT 访问内部服务器

需求：某公司在网络边界处部署了 FW 作为安全网关。为了使私网 Web 服务器和 FTP 服务器能够对外提供服务，需要在 FW 上配置目的 NAT。除了公网接口的 IP 地址外，公司还向 ISP 申请了 IP 地址（1.1.10.10 和 1.1.10.11）作为内网服务器对外提供服务的地址，拓扑图如图 30-6 所示。

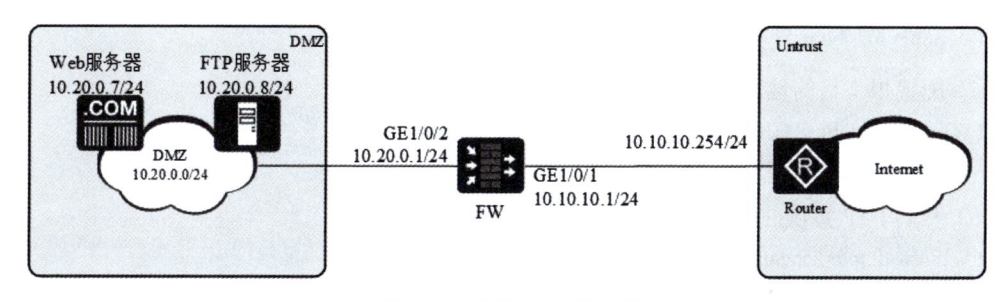

图 30-6　目的 NAT 组网图

主要配置如下。

（1）将接口 GigabitEthernet 1/0/1 加入 Untrust 区域。将接口 GigabitEthernet 1/0/2 加入 DMZ 区域。

[FW]firewall zone untrust
[FW-zone-untrust]add interface GigabitEthernet 1/0/1
[FW-zone-untrust]quit
[FW]firewall zone dmz
[FW-zone-dmz]add interface GigabitEthernet 1/0/2
[FW-zone-dmz]quit

（2）配置安全策略，允许外部网络用户访问内部服务器。

[FW]security-policy
[FW-policy-security]rule name net32h
[FW-policy-security-rule-net32h]source-zone untrust

[FW-policy-security-rule-net32h]destination-zone dmz
[FW-policy-security-rule-net32h]destination-address 10.20.0.0 24
[FW-policy-security-rule-net32h]action permit
[FW-policy-security-rule-net32h]quit
[FW-policy-security]quit

（3）配置目的 NAT 地址池。

[FW]destination-nat address-group addressgroup1
[FW-dnat-address-group-addressgroup1]section 10.20.0.7 10.20.0.8
[FW-dnat-address-group-addressgroup1]quit

（4）配置 NAT 策略。

[FW]nat-policy
[FW-policy-nat]rule name net32h
[FW-policy-nat-rule-net32h]source-zone untrust
[FW-policy-nat-rule-net32h]destination-address range 1.1.10.10 1.1.10.11
[FW-policy-nat-rule-net32h]service http
[FW-policy-nat-rule-net32h]service ftp
[FW-policy-nat-rule-net32h]action destination-nat static address-to-address address-group addressgroup1
[FW-policy-nat-rule-net32h]quit
[FW-policy-nat]quit

（5）配置报文目的地址的黑洞路由，以防路由环路。

[FW]ip route-static 1.1.10.10 255.255.255.255 NULL0
[FW]ip route-static 1.1.10.11 255.255.255.255 NULL0

（6）开启 FTP 协议的 NAT ALG 功能。

[FW]firewall interzone dmz untrust
[FW-interzone-dmz-untrust]detect ftp
[FW-interzone-dmz-untrust]quit

（7）配置缺省路由，使内网服务器对外提供的服务流量可以正常转发至 ISP 的路由器。

[FW]ip route-static 0.0.0.0 0.0.0.0 10.10.10.254

30.3 考点实练

案例分析：某企业内部局域网拓扑如图 30-7 所示，局域网内分为办公区和服务器区。图 30-7 中，办公区域的业务网段为 10.1.1.0/24，服务器区网段为 10.2.1.0/24，业务网段、服务网段的网关均在防火墙上，网关分别对应为 10.1.1.254、10.2.1.254；防火墙作为 DHCP 服务器，为办公区终端自动下发 IP 地址，并通过 NAT 实现用户访问互联网。防火墙外网服务器 IP 地址池为 100.1.1.2/28，运营商对端 IP 地址为 100.1.1.1/28，办公区用户出口 IP 地址池为 100.1.1.10-100.1.1.15。

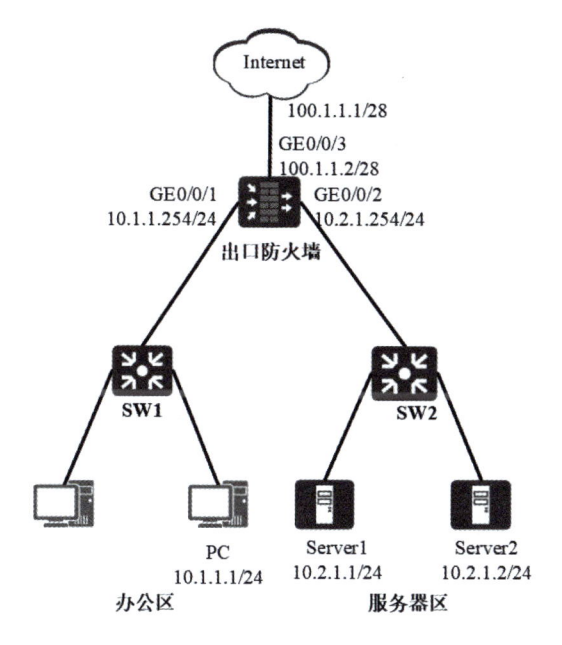

图 30-7　某企业内部局域网拓扑图

【问题 1】防火墙常用工作模式有透明模式、路由模式、混合模式，图 30-7 中的出口防火墙工作于 __(1)__ 模式；防火墙为办公区用户动态分配 IP 地址，需在防火墙完成开启 __(2)__ 功能；Server2 为 Web 服务器，服务端口为 tcp 443，外网用户通过 https://100.1.1.9:8443 访问，在防火墙上需要配置 __(3)__。

（3）备选答案：

A．nat server policy_web protocol tcp global 100.1.1.9 8443 inside 10.2.1.2 443 unr-route

B．nat server policy_web protocol tcp global 10.2.1.2 8443 inside 100.1.1.9 443 unr-route

C．nat server policy_web protocol tcp global 100.1.1.9 443 inside 10.2.1.2 8443 unr-route

D．nat server policy_web protocol tcp global 10.2.1.2 inside 10.2.1.2 8443 unr-route

【问题 2】为了使局域网中 10.1.1.0/24 网段的用户可以正常访问 Internet，需要在防火墙上完成 NAT、安全策略等配置，请根据需求完善以下配置。

```
# 将对应接口加入 trust 或者 untrust 区域
[FW] firewall zone trust
[FW-zone-trust] add interface  __(4)__
[FW-zone-trust] quit
[FW] firewall zone untrust
[FW-zone-untrust] add interface  __(5)__
[FW-zone-untrust] quit
# 配置安全策略，允许局域网指定网段与 Internet 进行报文交互
[FW] security-policy
```

```
[FW-policy-security] rule name policy1
# 将局域网作为源信任区域，将互联网作为非信任区域
[FW-policy-security-rule-policy1] source-zone ___（6）
[FW-policy-security-rule-policy1] destination-zone untrust
# 指定局域网办公区域的用户访问互联网
[FW-policy-security-rule-policy1] source-address ___（7）
# 指定安全策略为允许
[FW-policy-security-rule-policy1] action ___（8）
[FW-policy-security-rule-policy1] quit
[FW-policy-security] quit
# 配置 NAT 地址池，配置时开启允许端口地址转换，实现公网地址复用
[FW] nat address-group addressgroup1
[FW-address-group-addressgroup1] mode pat
[FW-address-group-addressgroup1] section 0 ___（9）
# 配置源 NAT 策略，实现局域网指定网段访问 Internet 时自动进行源地址转换
[FW] nat-policy
[FW-policy-nat] rule name policy_nat1
# 指定具体哪些区域为信任和非信任区域
[FW-policy-nat-rule policy_nat1] source-zone trust
[FW-policy-nat-rule policy_nat1] destination zone untrust
# 指定局域网源 IP 地址
[FW-policy-nat-rule policy_nat1] source-address 10.1.1.0 24
[FW-policy-nat-rule-policy_nat1] action source-nat address-group ___（10）
[FW-policy-nat-rule-policy_nat1] quit
[FW-policy-nat] quit
```

答案：

【问题 1】（1）路由模式 （2）DHCP （3）A

【问题 2】（4）GigabitEthernet 0/0/1 （5）GigabitEthernet 0/0/3 （6）trust （7）10.1.1.0 24 （8）permit （9）100.1.1.10 100.1.1.15 （10）addressgroup1

第 31 章

典型组网架构知识点梳理及考点实练

31.0 章节考点分析

第 31 章主要学习层次化网络设计基础、接入层、汇聚层和核心层架构等内容。

根据考试大纲，本章知识点会涉及单项选择题。预计分值 1～2 分。本章内容侧重于概念知识，多数参照教材。本章的架构如图 31-1 所示。

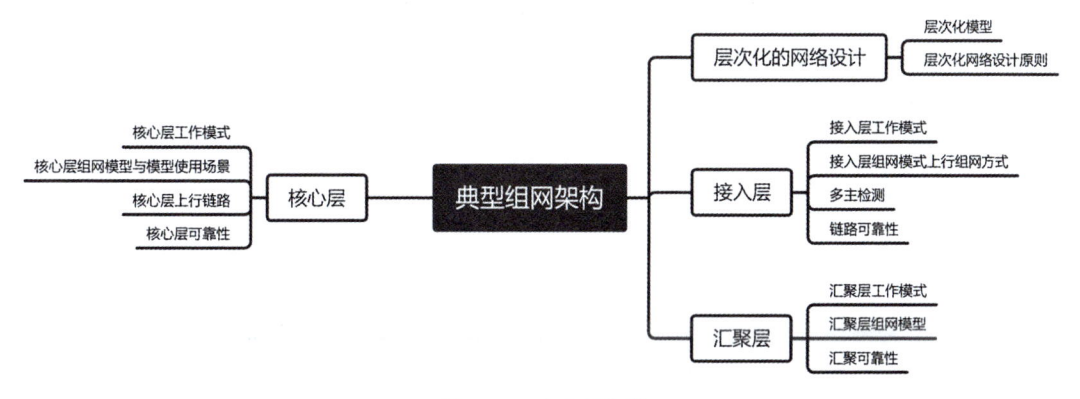

图 31-1 本章的架构

【导读小贴士】

网络工程师应深入理解层次化网络设计的模型与原则，熟练掌握接入层、汇聚层和核心层的工作模式、组网模型、可靠性保障技术及各自特点与应用场景，从而构建出结构合理、性能可靠、扩展性强的网络架构，满足不同规模与需求的网络应用。

31.1 层次化的网络设计考点梳理

【基础知识点】

1. 层次化模型

经典层次化模型包含核心层、汇聚层和接入层。核心层负责区域间高速连接和路径转发；汇聚层处理网络业务接入和策略实施，如安全和流量管理；接入层负责终端用户接入以及局域网与广域网的连接。

2. 层次化网络设计原则

（1）层次化设计。一般情况下，3个层次就足够了，过多的层次会导致整体网络性能的下降，增加了网络的延迟，也不利于网络故障排查和文档编写。

（2）在接入层应当保持对网络结构的严格控制。

（3）为了保证网络的层次性，不能在设计中随意加入额外链路。

（4）在进行设计时，应当首先设计接入层。

（5）模块化设计。一个部门、业务区域对应一个模块，方便扩展，容易进行问题定位。

（6）冗余设计。双节点冗余性设计可以保证设备级可靠，适当的冗余提高可靠性，但过度的冗余也不便于运行维护。

（7）对称性设计。网络的对称性便于业务部署，拓扑直观，便于协议设计和分析。

31.2 接入层考点梳理

【基础知识点】

1. 接入层工作模式

接入层工作模式如图31-2所示。

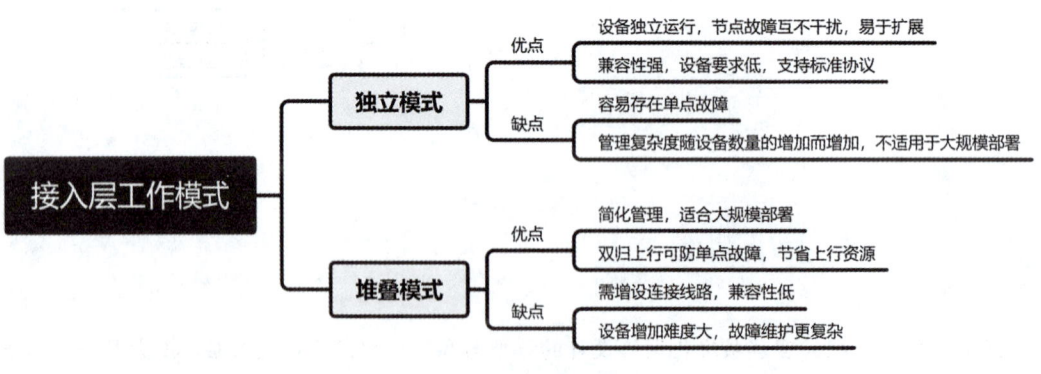

图31-2 接入层工作模式

2. 接入层组网模式上行组网方式

接入层组网模式上行组网方式如图 31-3 所示。

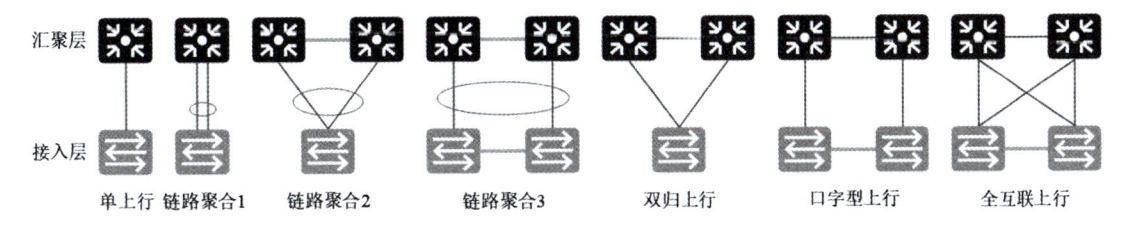

图 31-3　接入层组网模式上行组网方式

3. 多主检测

堆叠系统成员交换机共享同一 IP 和 MAC 地址，可能导致带电移除或线缆故障时出现多个相同地址的堆叠系统，引发网络问题，因此必须检查 IP 和 MAC 地址冲突。多主检测（Multi-Active Detection，MAD）协议用于检测堆叠分裂、处理冲突和恢复故障，以减少分裂影响。建议堆叠组配置多主检测。

4. 链路可靠性

在链路设计以及组网形态上，通常采用多链路上行，包括 Eth-Trunk/LAG 技术、双归上行等。接入层链路可靠性设计主要关键技术如下：

（1）Eth-Trunk。

（2）双归上行：设备双上联确保一条链路故障时另一条可工作。二层接入需部署 MSTP 或 Smart-Link 协议。

（3）链路故障检测技术：包括线路连通性检测（BFD）、FRR、NSF/GR 等。

（4）当接入层采用堆叠时，推荐汇聚层多台设备采用 iStack 堆叠或 CSS 堆叠的工作模式。

31.3　汇聚层考点梳理

【基础知识点】

1. 汇聚层工作模式

汇聚层工作模式如图 31-4 所示。

2. 汇聚层组网模型

汇聚层组网模型如图 31-5 所示。

3. 汇聚可靠性

（1）汇聚层是区域的核心交换区，其可靠性要求比较高，需要考虑设备级和链路级的可靠性。

（2）设备级的可靠性通常要求设备具有 99.999% 的可靠性。单设备是通过部件的冗余设计来保证高可靠性。对于设备级的节点故障，可以采用冗余备份方式来避免单点故障，网络协议自动感知故障后对网络流量进行动态调整，实现流量的快速切换。

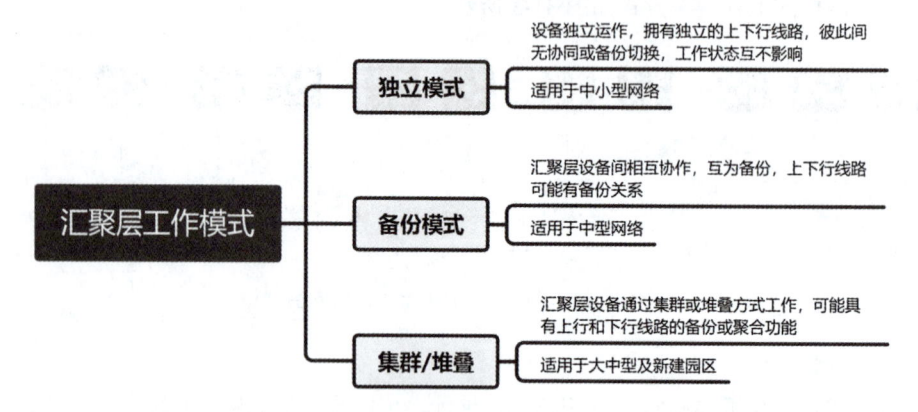

图 31-4　汇聚层工作模式

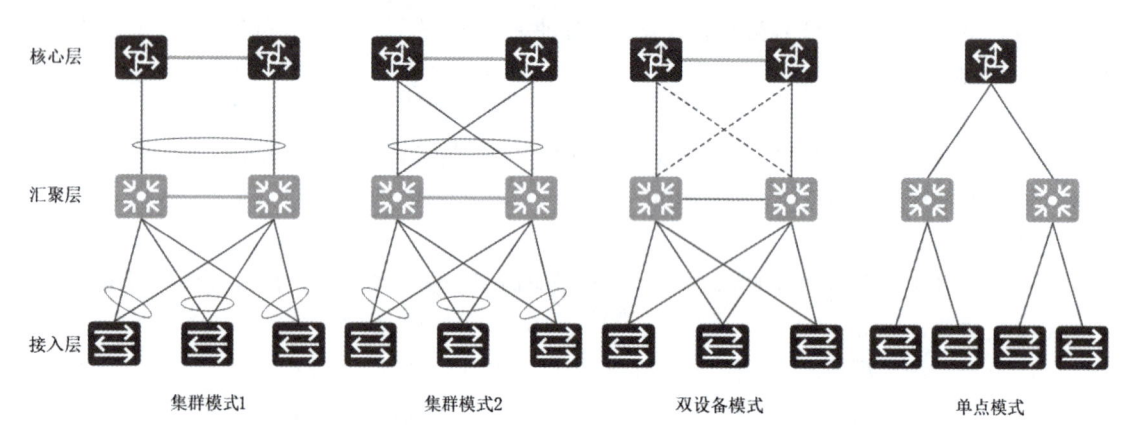

图 31-5　汇聚层组网模型

（3）汇聚层链路级的可靠性推荐采用冗余备份线路双归上行，同接入层可靠性技术，考虑带宽和设备性能，譬如下行 XGE 接口，对应上行可选择双链路 XGE 接口的 Eth-Trunk，也可以选择双链路 40GE 接口的 Eth-Trunk。

31.4　核心层考点梳理

【基础知识点】

1. 核心层工作模式

核心层工作模式如图 31-6 所示。

2. 核心层组网模型与模型使用场景

核心层组网模型如图 31-7 所示。

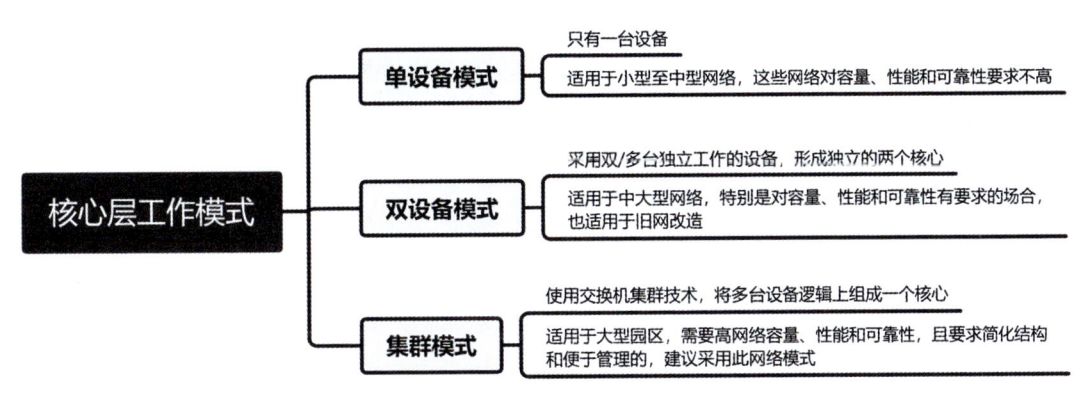

图 31-6 核心层工作模式

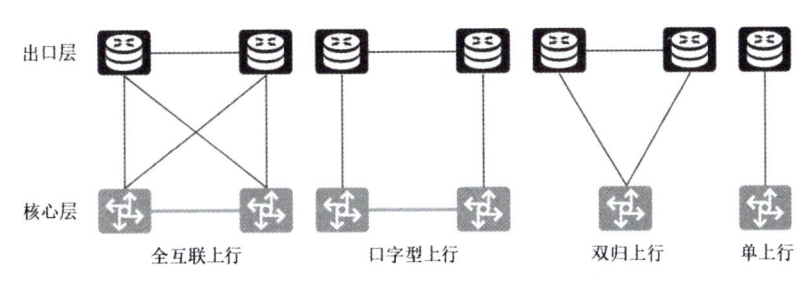

- **单设备模式**：只有一台设备。适用于小型至中型网络，这些网络对容量、性能和可靠性要求不高
- **双设备模式**：采用双/多台独立工作的设备，形成独立的两个核心。适用于中大型网络，特别是对容量、性能和可靠性有要求的场合，也适用于旧网改造
- **集群模式**：使用交换机集群技术，将多台设备逻辑上组成一个核心。适用于大型园区，需要高网络容量、性能和可靠性，且要求简化结构和便于管理的，建议采用此网络模式

图 31-7 核心层上行组网模型

（全互联上行、口字型上行、双归上行、单上行）

核心层组网模式使用场景见表 31-1。

表 31-1 核心层组网模式使用场景

组网方案	可靠性	网络结构	应用场景
全互联上行	高	复杂	核心层堆叠，高可靠性场景
口字型上行	较高	较复杂	核心层堆叠，对可靠性要求较高的场景
双归上行	较高	较复杂	出口区有多台设备，对可靠性要求非常高的场景
单上行	低	简单	出口区配备单一设备，适用于小型园区场景

3. 核心层上行链路

（1）核心层上行链路设计主要考虑上行接口速率、带宽。核心层上行链路可以采用 GE、10GE、40GE、100GE 等几种速率，万兆园区上行链路推荐采用 10GE、40GE、100GE。

（2）核心层的上行带宽通常是指园区出口的带宽。其计算方法是根据出口业务类型和用户规模进行计算，计算方法是上行带宽＝出口业务最高带宽×用户规模×(1＋未来 3～5 年增长率)。

4. 核心层可靠性

（1）核心层是全网的核心交换区，因此其可靠性要求非常高，既包括设备级的可靠性，也包括链路级（二层）和网络级（三层）的可靠性。

（2）推荐使用 CSS+iStack 无环以太网技术，接入层采用堆叠，汇聚层和核心层均采用集群，层间链路采用 Eth-Trunk 技术。

（3）通过堆叠/集群技术保证节点的可靠性，一台设备故障后，另外一台设备自动接管所有的业务。

（4）通过 Eth-Trunk 技术，保证链路可靠性，一条或多条链路故障后，流量自动切换到其他正常的链路。

31.5 考点实练

1. 在网络的分层设计模型中，对核心层工作规程的建议是（   ）。
   A. 要进行数据压缩以提高链路利用率
   B. 尽量避免使用访问控制列表以减少转发延迟
   C. 可以允许最终用户直接访问
   D. 尽量避免冗余连接

   答案：B

2. 以下关于网络分层模型的叙述中，正确的是（   ）。
   A. 核心层为了保障安全性，应该对分组进行尽可能多的处理
   B. 汇聚层实现数据分组从一个区域到另一个区域的高速转发
   C. 过多的层次会增加网络延迟，并且不便于故障排查
   D. 接入层应提供多条路径来缓解通信瓶颈

   答案：C

3. 工程师为某公司设计了如下网络方案。

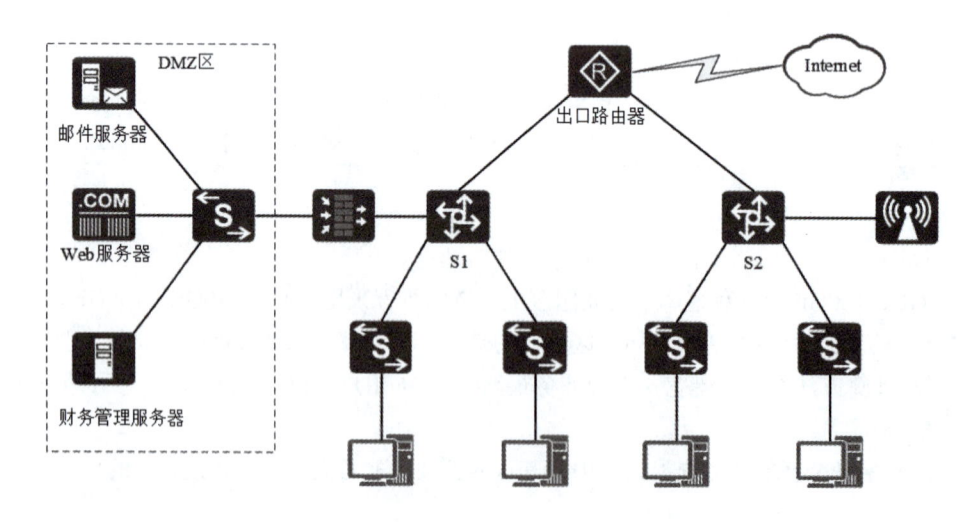

下列关于该网络结构设计的叙述中，正确的是（　　）。

　　A．该网络采用三层结构设计，扩展性强

　　B．S1、S2两台交换机为用户提供向上的冗余连接，可靠性强

　　C．接入层交换机没有向上的冗余连接，可靠性较差

　　D．出口采用单运营商连接，带宽不够

答案：C

第 32 章 案例分析知识点梳理及考点实练

32.0 章节考点分析

第 32 章主要学习网络工程师考试中案例分析题考查的一些重要内容。

根据考试大纲，本章知识点主要涉及案例分析题。本章内容有概念知识及相关配置，以及案例分析题目实例。一定程度上参照教材，也有扩展内容。本章的架构如图 31-1 所示。

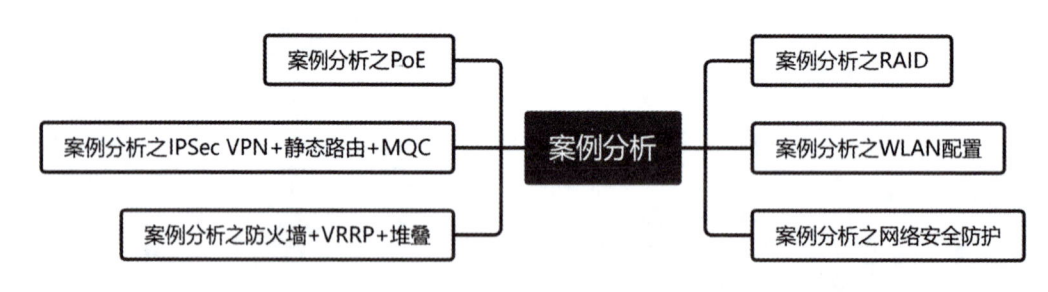

图 32-1 本章的架构

【导读小贴士】

网络工程师研习案例分析时，需透彻领悟各类案例所涉概念知识与配置要点，深度剖析实例，将教材内容与扩展知识融会贯通，以此提升应对复杂网络场景、解决实际问题的专业能力，为构建优质网络架构奠定坚实基础。

32.1　案例分析之 RAID 考点梳理

图 32-2 为某公司数据中心拓扑图,两台存储设备用于存储关系型数据库的结构化数据和文档、音视频等非结构化文档,规划采用的 RAID 组合方式如图 32-3 和图 32-4 所示。

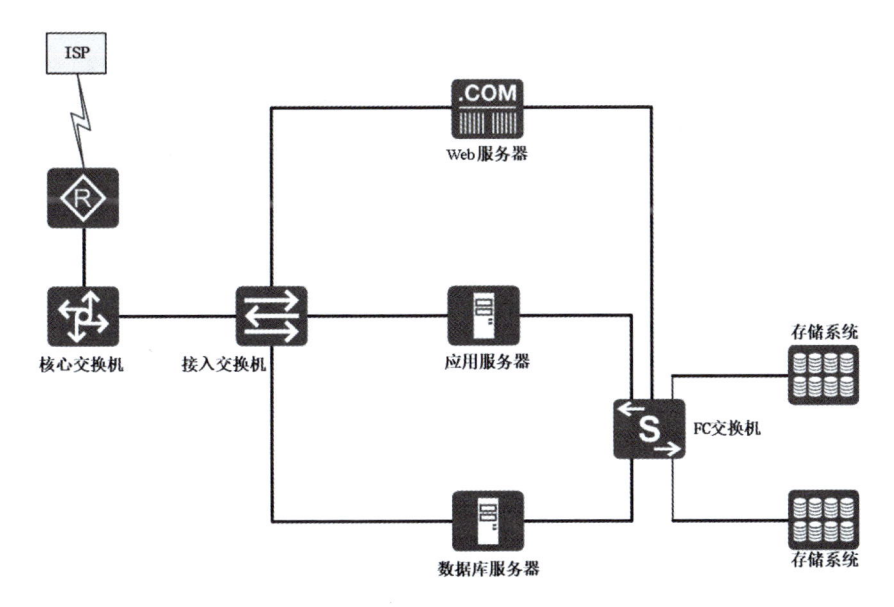

图 32-2　某公司数据中心拓扑图

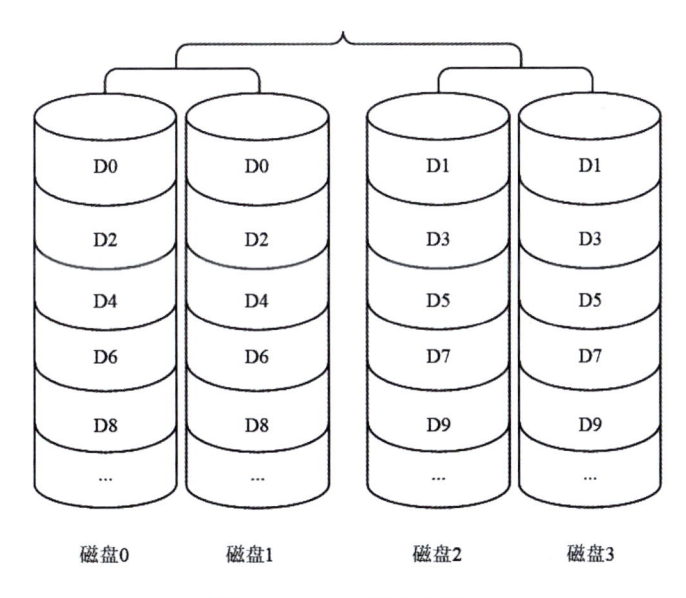

图 32-3　RAID 组合方式一

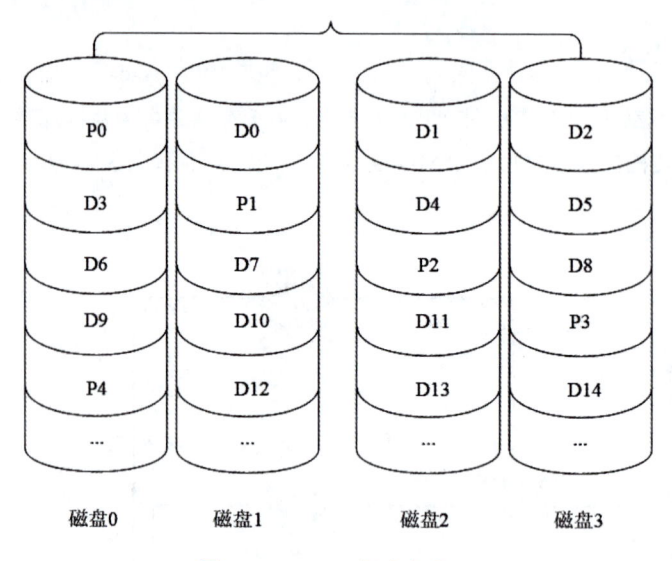

```
   P0        D0        D1        D2
   D3        P1        D4        D5
   D6        D7        P2        D8
   D9        D10       D11       P3
   P4        D12       D13       D14
   ...       ...       ...       ...
  磁盘0      磁盘1      磁盘2      磁盘3
```

图 32-4　RAID 组合方式二

【问题 1】图 32-3 所示的 RAID 方式是 (1) ，其中磁盘 0 和磁盘 1 的 RAID 组成方式是 (2) 。当磁盘 1 故障后，磁盘 (3) 故障不会造成数据丢失，磁盘 (4) 故障将会造成数据丢失。

图 32-3 所示的 RAID 方式是 (5) ，当磁盘 1 故障后，至少再有 (6) 块磁盘故障，就会造成数据丢失。

【问题 2】图 32-3 所示的 RAID 方式的磁盘利用率是 (7) %，图 32-4 所示的 RAID 方式的磁盘利用率是 (8) %。根据上述两种 RAID 组合方式的特性，结合业务需求，图 (9) 所示 RAID 适合存储安全要求高、小数量读写的关系型数据库；图 (10) 所示 RAID 适合存储空间利用率要求高、大文件存储的非结构化文档。

【问题 3】该公司的 Web 系统频繁遭受 DDoS 和其他网络攻击，造成服务中断和数据泄露。图 32-5 为服务器日志片段，该攻击为 (11) ，针对该攻击行为，可部署 (12) 设备进行防护；针对 DDoS（分布式拒绝服务）攻击，可采用 (13) 、 (14) 措施，保障 Web 系统正常对外提供服务。

```
www.xxx.com/news/html/?410'union select 1 from (select count(*),concat(floor(rand(0)*2),0x3a,(select concat(user,0x3a,password)from pwn_base_admin limit 0,1)，0x3a)a from information_schema.tables group by a)b where1'='1.html
```

图 32-5　服务器日志片段

(11) 备选答案：
　　A．跨站脚本攻击　　B．SQL 注入攻击　　C．远程命令执行　　D．CC 攻击
(12) 备选答案：
　　A．漏洞扫描系统　　B．堡垒机　　C．Web 应用防火墙　　D．入侵检测系统

(13)(14) 备选答案：
  A．部署流量清洗设备 B．购买流量清洗服务 C．服务器增加内存
  D．服务器增加磁盘 E．部署入侵检测系统 F．安装杀毒软件

答案：

【问题 1】（1）RAID 10 （2）RAID 1 （3）2 或 3 （4）0 （5）RAID 5 （6）1

【问题 2】（7）50   （8）75   （9）32-3   （10）32-4

【问题 3】（11）B   （12）C   （13）A   （14）B

32.2 案例分析之 WLAN 配置考点梳理

某校园宿舍 WLAN 网络拓扑结构如图 32-6 所示，数据规划见表 32-1。该网络采用敏捷分布式组网在每个宿舍部署一个 AP，AP 连接到中心 AP，所有 AP 和中心 AP 统一由 AC 进行集中管理，为每个宿舍提供高质量的 WLAN 网络覆盖。

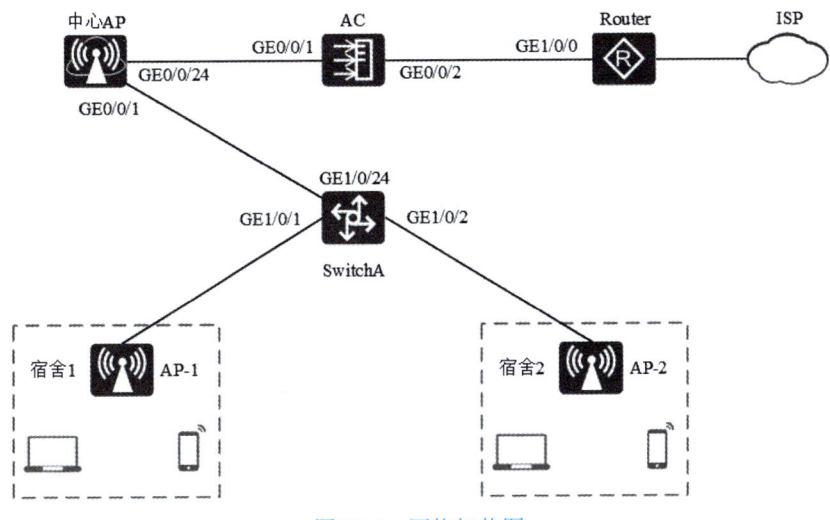

图 32-6 网络拓扑图

表 32-1 数据规划

配置项	数据
Router GE1/0/0	Vlanif101: 10.23.101.2/24
AC GE0/0/2	Vlanif101: 10.23.101.1/24 业务 Vlan
AC GE0/0/1	Vlanif100: 10.23.100.1/24 管理 Vlan
DHCP 服务器	AC 作为 DHCP 服务器，为用户、中心 AP 和接入 AP 分配 IP 地址

续表

配置项	数据
AC 的源接口 IP 地址	Vlanif100：10.23.100.1/24
AP 组	名称：ap-group1；引用模板：VAP 模板 wlan-net、域管理模板 default
域管理模板	名称：default；国家码：中国（cn）
SSID 模板	名称：wlan-net；SSID 名称：wlan-net
安全模板	名称：wlan-net；安全策略：WPA-WPA2+PSK+AES；密码：a1234567
VAP 模板	名称：wlan-net；转发模式：隧道转发；业务 VLAN：VLAN101；引用模板：SSID 模板 wlan-net、安全模板 wlan-net
SwitchA	默认接口都加入了 VLAN1，二层互通，不用配置

【问题 1】补充命令片段的配置。

1．Router 的配置文件

```
[Huawei] sysname Router
[Router] vlan batch    （1）
[Router] interface GigabitEthernet 1/0/0
[Router-GigabitEtherner1/0/0] port link-type trunk
[Router-GigabitEthernet1/0/0] port trunk allow-pass vlan 101
[Router-GigabitEthernet1/0/0] quit
[Router] interface vlanif 101
[Router-Vlanif101] ip address    （2）
[Router-Vlanif101] quit
```

2．AC 的配置文件

```
# 配置 AC 和其他网络设备互通
[HUAWEI] sysname    （3）
[AC] vlan batch 100 101
[AC] interface GigabitEthernet 0/0/1
[AC-GigabitEthernet0/0/1] port link-type trunk
[AC-GigabitEthernet0/0/1] port trunk pvid vlan 100
[AC-GigabitEthernet0/0/1] port trunk allow-pass vlan 100
[AC-GigabitEthernet0/0/1] port-isolate    （4）    // 实现端口隔离
[AC-GigabitEthernet0/0/1] quit
[AC] interface GigabitEthernet 0/0/2
[AC-GigabitEthernet0/0/2] port link-type trunk
[AC-GigabitEthernet0/0/2] port trunk allow-pass vlan 101
[AC-GigabitEthernet0/0/2] quit
# 配置中心 AP 和 AP 上线
[AC]wlan
[AC-wlan-view] ap-group name ap-group1
```

[AC-wlan-ap-group-ap-group1] quit
[AC-wlan-view] regulatory-domain-profile name default
[AC-wlan-regulate-domain-default] country-code ___（5）___
[AC-wlan-regulate-domain-default] quit
[AC-wlan-view] ap-group name ap-group1
[AC-wlan-ap-group-ap-group1] regulatory-domain-profile ___（6）___
Warning: Modifying the country code will clear channel，power and antenna gain configurations of the radio and reset the AP. Continue? [Y/N]:y
[AC-wlan-ap-group-ap-group1] quit
[AC-wlan-view] quit
[AC] capwap source interface ___（7）___
[AC] wlan
[AC-wlan-view] ap auth-mode mac-auth
[AC-wlan-view] ap-id 0 ap-mac 68a8-2845-62fd   // 中心 AP 的 MAC 地址
[AC-wlan-ap-0] ap-name central_AP
Warning:This operation may cause AP reset. Continue?[Y/N]：y
[AC-wlan-ap-0] ap-group ap-group1
Warning: This operation may cause AP reset. If the country code changes，it will clear channel，power and antenna gain configurations of the radio，whether to continue? [Y/N]:y
[AP-wlan-ap-0] quit
其他相同配置略
配置 WLAN 业务参数
[AC-wlan-view] security-profile name wlan-net
[AC-wlan-sec-prof-wlan-net] security wpa-wpa2 psk pass-phrase ___（8）___ aes
[AC-wlan-sec-prof-wlan-net] quit
[AC-wlan-view] ssid-profile name wlan-net
[AC-wlan-ssid-prof-wlan-net] ssid ___（9）___
[AC-wlan-ssid-prof-wlan-net] quit
[AC-wlan-view] vap-profile name wlan-net
[AC-wlan-vap-prof-wlan-net] forward-mode tunnel
[AC-wlan-vap-prof-wlan-net] service-vlan vlan-id ___（10）___
[AC-wlan-vap-prof-wlan-net] security-profile wlan-net
[AC-wlan-vap-prof-wlan-net] ssid-profile wlan-net
[AC-wlan-vap-prof-wlan-net] quit
[AC-wlan-view] ap-group name ap-group1
[AC-wlan-ap-group-ap-group1] vap-profile wlan-net wlan 1 radio 0
[AC-wlan-ap-group-ap-group1] vap-profile wlan-net wlan 1 radio 1
[AC-wlan-ap-group-ap-group1] quit

【问题 2】上述网络配置命令中，AP 的认证方式是（11）方式，通过配置（12）实现统一配置。
（11）～（12）备选答案：
    A．MAC   B．SN   C．AP 地址   D．AP 组

将 AP 加电后，执行（13）命令可以查看到 AP 是否正常上线。

（13）备选答案：

  A．display ap al   B．display vap ssid

【问题 3】

1．组播报文对无线网络空口的影响主要是（14），随着业务数据转发的方式不同，组播报文的抑制分别在（15）和（16）配置。

2．该网络 AP 部署在每一间宿舍的原因是（17）。

答案：

【问题 1】（1）101 （2）10.23.101.2 255.255.255.0 （3）AC （4）enable （5）cn （6）default （7）vlanif 100 （8）a1234567 （9）wlan-net （10）101

【问题 2】（11）A （12）D （13）A

【问题 3】（14）接口拥塞 （15）AP 交换机接口 （16）AC 流量模板 （17）AP 覆盖面积小，房间之间的墙壁等障碍物会使无线信号衰减严重，从而影响 WLAN 信号质量。

32.3　案例分析之网络安全防护考点梳理

小王为某单位网络中心网络管理员，该网络中心部署有业务系统、网站对外提供信息服务，业务数据通过 SAN 存储网络，集中存储在磁盘阵列上，使用 RAID 实现数据冗余；部署邮件系统供内部人员使用，并配备有防火墙、入侵检测系统、Web 应用防火墙、上网行为管理系统、反垃圾邮件系统等安全防护系统，防范来自内外部网络的非法访问和攻击。

【问题 1】网络管理员在处理终端 A 和 B 无法打开网页的故障时，在终端 A 上 ping 127.0.0.1 不通，故障可能是（1）原因造成；在终端 B 上能登录互联网即时聊天软件，但无法打开网页，故障可能是（2）原因造成。

（1）～（2）备选答案：

  A．链路故障 B．DNS 配置错误 C．TCP/IP 协议故障 D．IP 配置错误

【问题 2】网络管理员监测到部分境外组织借新冠疫情对我国信息系统频繁发起攻击，其中，图 32-7 所示访问日志为（3）攻击，图 32-8 所示访问日志为（4）攻击。

132.232.*.* 访问 www.xxx.com/default/save.php，可疑行为：eval(base64_decode($_POST，已被拦截。

图 32-7　访问日志一

132.232.*.* 访问 www.xxx.com/NewsType.php?SmallClass='union select 0,username+CHR(124)+password from admin

图 32-8　访问日志二

网络管理员发现邮件系统收到大量不明用户发送的邮件，标题含"武汉旅行信息收集""新

型冠状病毒肺炎的预防和治疗"等和疫情相关字样，邮件中均包含相同字样的 excel 文件，经检测分析，这些邮件均来自某境外组织，excel 文件中均含有宏，并诱导用户执行宏，下载和执行木马后门程序，这些驻留程序再收集重要目标信息，进一步扩展渗透，获取敏感信息，并利用感染电脑攻击防疫相关的信息系统，上述所示的攻击手段为 (5) 攻击，应该采取 (6) 等措施进行防范。

(3) ～ (5) 备选答案：
  A．跨站脚本　　　B．SQL 注入　　　C．宏病毒　　　D．APT
  E．DDoS　　　　　F．CC　　　　　　G．蠕虫病毒　　H．一句话木马

答案：
【问题 1】(1) C　(2) B
【问题 2】(3) H　(4) B　(5) D　(6) 部署 APT 设备、部署邮件过滤系统、终端计算机安装防毒软件

32.4　案例分析之防火墙 +VRRP+ 堆叠考点梳理

某企业网络拓扑如图 32-9 所示。该网络可以实现的网络功能如下。
(1) 汇聚层交换机 A 与交换机 B 采用 VRRP 技术组网。
(2) 用防火墙实现内外网地址转换和访问策略控制。
(3) 对汇聚层交换机、接入层交换机（各车间部署的交换机）进行 VLAN 划分。

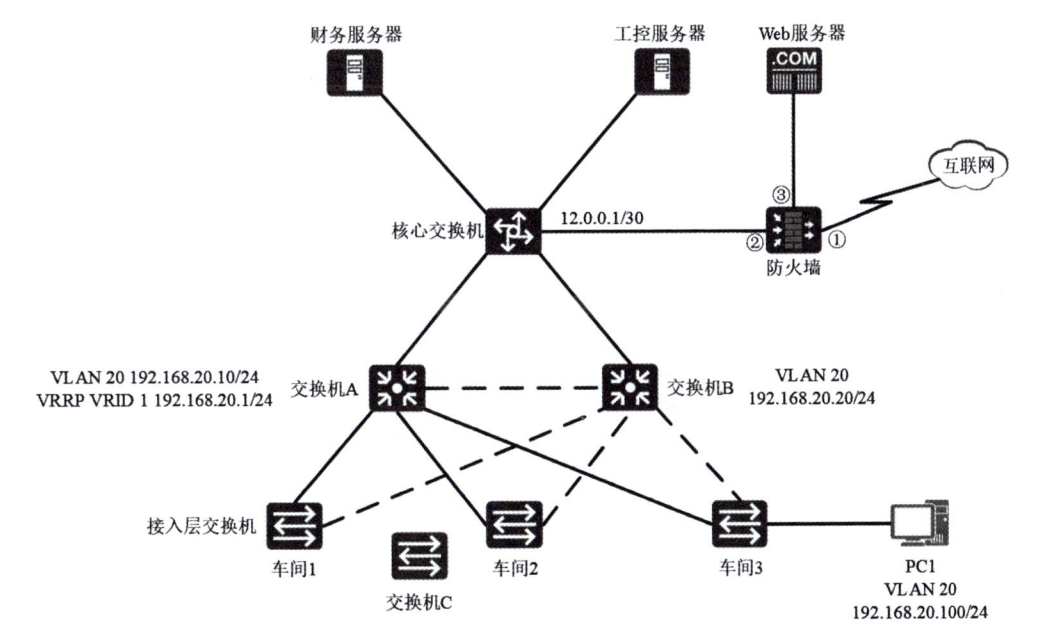

图 32-9　某企业网络拓扑图

【问题 1】为图 32-9 中的防火墙划分安全域，接口①应配置为 (1) 区域，接口②应配置为 (2) 区域，接口③应配置为 (3) 区域。

【问题 2】VRRP 技术实现 (4) 功能，交换机 A 与交换机 B 之间的连接线称为 (5) 线，其作用是 (6) 。

【问题 3】图 32-9 中 PC1 的网关地址是 (7) ；在核心交换机上配置与防火墙互通的默认路由，其目标地址应是 (8) ；若禁止 PC1 访问财务服务器，应在核心交换机上采取 (9) 措施实现。

【问题 4】若车间 1 增加一台接入交换机 C，该交换机需要与车间 1 接入层交换机进行互连，其连接方式有 (10) 和 (11) ；其中 (12) 方式可以共享使用交换机背板带宽，(13) 方式可以使用双绞线将交换机连接在一起。

答案：

【问题 1】(1) 非信任或 untrust (2) 信任或 trust (3) 非军事化或 DMZ

【问题 2】(4) 虚拟路由冗余 (5) 心跳线 (6) 对交换机的状态进行监测或传递心跳报文

【问题 3】(7) 192.168.20.1 (8) 12.0.0.1 (9) 配置 ACL

【问题 4】(10) 堆叠 (11) 级联 (12) 堆叠 (13) 级联

32.5　案例分析之 IPSec VPN+ 静态路由 +MQC 考点梳理

图 32-10 所示为某大学的校园网络拓扑，其中出口路由器 R4 连接了 3 个 ISP 网络，分别是电信网络（网关地址 218.63.0.1/28）、联通网络（网关地址 221.137.0.1/28）以及教育网（网关地址 210.25.0.1/28）。路由器 R1、R2、R3、R4 在内网一侧运行 RIPv2.0 协议实现动态路由的生成。

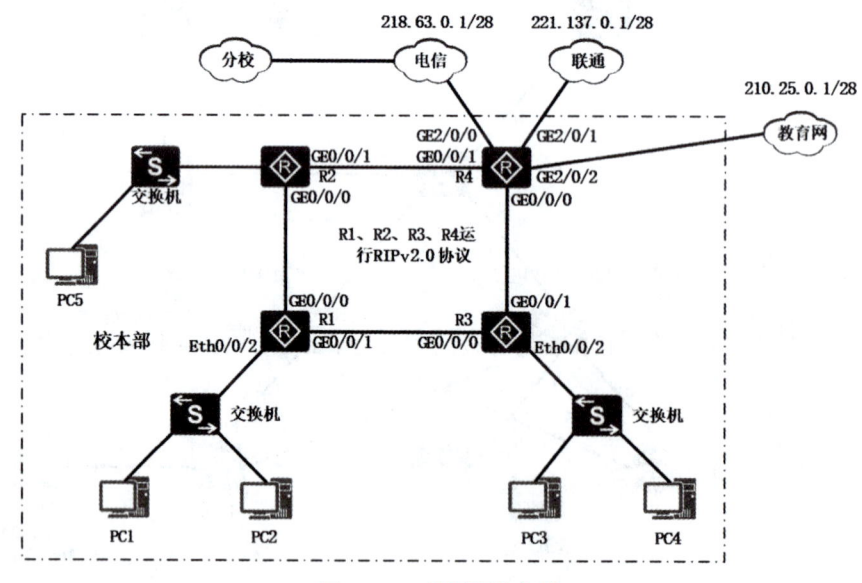

图 32-10　校园网络拓扑

PC 机的地址信息见表 32-2，路由器部分接口地址信息见表 32-3。

表 32-2　PC 机的地址信息

主机	所属 VLAN	IP 地址	网关
PC1	VLAN10	10.10.0.2/24	10.10.0.1/24
PC2	VLAN8	10.8.0.2/24	10.8.0.1/24
PC3	VLAN3	10.3.0.2/24	10.3.0.1/24
PC4	VLAN4	10.4.0.2/24	10.4.0.1/24

表 32-3　路由器部分接口地址信息

路由器	接口	IP 地址
R1	Vlanif8	10.8.0.1/24
	Vlanif10	10.10.0.1/24
	GigabitEthernet0/0/0	10.21.0.1/30
	GigabitEthernet0/0/1	10.13.0.1/30
R2	GigabitEthernet0/0/0	10.21.0.2/30
	GigabitEthernet0/0/1	10.42.0.1/30
R3	Vlanif3	10.3.0.1/24
	Vlanif4	10.4.0.1/24
	GigabitEthernet0/0/0	10.13.0.2/30
	GigabitEthernet0/0/1	10.34.0.1/30
R4	GigabitEthernet0/0/0	10.34.0.2/30
	GigabitEthernet0/0/1	10.42.0.2/30
	GigabitEthernet2/0/0	218.63.0.4/28
	GigabitEthernet2/0/1	221.137.0.4/28
	GigabitEthernet2/0/2	210.25.0.4/28

【问题 1】如图 32-10 所示，校本部与分校之间搭建了 IPSec VPN。IPSec 的功能可以划分为认证头（AH）、封装安全负荷（ESP）以及密钥交换（IKE）。其中用于数据完整性认证和数据源认证的是 (1)　。

【问题 2】为 R4 添加默认路由，实现校园网络接入 Internet 的默认出口为电信网络，请将下列命令补充完整。

  [R4] ip route-static　(2)　

【问题 3】在路由器 R1 上配置 RIP 协议，请将下列命令补充完整。

213

[R1]　（3）
[R1-rip-1] network　（4）
[R1-rip-1] version 2
[R1-rip-1] undo summary

各路由器上均完成了 RIP 协议的配置，在路由器 R1 上执行 display ip routing-table，由 RIP 生成的路由信息如下所示。

Destination/Mask	Proto	Pre	Cost	Flags	NextHop	Interface
10.3.0.0/24	RIP	100	1	D	10.13.0.2	GigabitEthernet0/0/1
10.4.0.0/24	RIP	100	1	D	10.13.0.2	GigabitEthernet0/0/1
10.34.0.0/30	RIP	100	1	D	10.13.0.2	GigabitEthernet0/0/1
10.42.0.0/24	RIP	100	1	D	10.21.0.2	GigabitEthernet0/0/0

根据以上路由信息可知，下列 RIP 路由是由（5）路由器通告的。

10.3.0.0/24	RIP	100	1	D	10.13.0.2	GigabitEthernet0/0/1
10.4.0.0/24	RIP	100	1	D	10.13.0.2	GigabitEthernet0/0/1

请问 PC1 此时是否可以访问电信网络？为什么？

答：（6）。

【问题 4】图 32-10 中，要求 PC1 访问 Internet 时导向联通网络，禁止 PC3 在工作日 8:00 至 18:00 访问电信网络。

请在下列配置步骤中补全相关命令。

第 1 步：在路由器 R4 上创建所需 ACL。

\# 创建用于 PC1 策略的 ACL
[R4]acl 2000
[R4-acl-basic-2000] rule 1 permit source 　（7）
[R4-acl-basic-2000] quit
\# 创建用于 PC3 策略的 ACL
[R4] time-range satime　（8）　working-day
[R4]acl 3001
[R4-acl-adv-3001]rule deny source 　（9）　destination 218.63.0.0 240.255.255.255 time-range satime

第 2 步：执行如下命令的作用是（10）。

[R4] traffic classifier 1
[R4-classifier-1] if-match acl 2000
[R4-classifier-1] quit
[R4] traffic classifier 3
[R4-classifier-3] if-match acl 3001
[R4-classifier-3] quit

第 3 步：在路由器 R4 上创建流行为并配置重定向。

[R4] traffic behavior 1
[R4-behavior-1] redirect　（11）　221.137.0.1

```
[R4-behavior-1]quit
[R4] traffic behavior 3
[R4-behavior-3]    （12）
[R4-behavior-3] quit
```

第 4 步：创建流策略，并在接口上应用（仅列出了 R4 上 GigabitEthernet 0/0/0 接口上的配置）。

```
[R4] traffic policy 1
[R4-trafficpolicy-1] classifier 1    （13）
[R4-trafficpolicy-1] classifier 3    （14）
[R4-trafficpolicy-1] quit
[R4] interface GigabitEthernet 0/0/0
[R4-GigabitEthernet0/0/0] traffic-policy 1    （15）
[R4-GigabitEthernet0/0/0] quit
```

答案：

【问题 1】（1）认证头（AH）

【问题 2】（2）0.0.0.0 0.0.0.0 218.63.0.1

【问题 3】（3）rip （4）10.0.0.0 （5）R3 （6）不能访问，因为此时 R1 上没有到达 ISP 的路由

【问题 4】（7）10.10.0.2 255.255.255.255 （8）8:00 to 18:00 （9）10.3.0.2 255.255.255.255 （10）在路由器 R4 上创建流分类，匹配相关 ACL （11）ip-nexthop （12）deny （13）behavior 1 （14）behavior 3 （15）inbound

32.6　案例分析之 PoE 考点梳理

某公司在网络环境中部署多台 IP 电话和无线 AP，计划使用 PoE 设备为 IP 电话和无线 AP 供电，拓扑结构如图 32-11 所示。

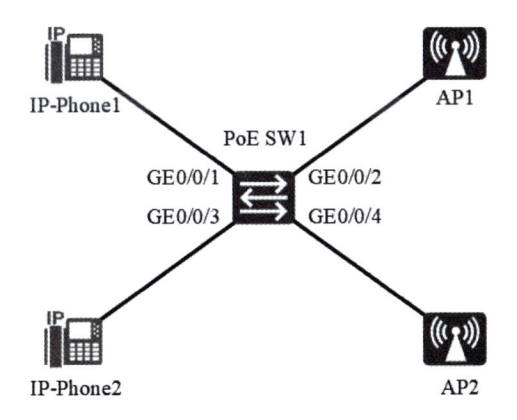

图 32-11　拓扑结构

【问题 1】PoE（Power over Ethernet）也称为以太网供电，是在现有的以太网 Cat.5 布线基础架构不做任何改动的情况下，利用现有的标准五类、超五类和六类双绞线在为基于 IP 的终端（如 IP 电话机、无线局域网接入点 AP、网络摄像机等）的同时提供__(1)__和__(2)__。

完整的 PoE 系统由供电端设备（Power Sourcing Equipment，PSE）和受电端设备（Powered Device，PD）两部分组成。依据 IEEE 802.3af/at 标准，有两种供电方式，使用空闲脚供电和使用__(3)__脚供电，当使用空闲脚供电时，双绞线的__(4)__线对为正极、__(5)__线对为负极，为 PD 设备供电。

（1）～（5）备选答案：

    A．提供电功率   B．4、5   C．传输数据

    D．7、8   E．3、6   F．数据

【问题 2】公司的 IP-Phone1 和 AP1 为公司内部员工提供语音和联网服务，要求有较高的供电优先级，且 AP 的供电优先级高于 IP-Phone；IP-Phone2 和 AP2 用于放置在公共区域，为游客提供语音和联网服务，AP2 在每天的 2:00—6:00 时间段内停止供电。IP-Phone 的功率不超过 5W，AP 的功率不超过 15W。配置接口最大输出功率，以确保设备安全。

请根据以上需求说明，将下面的配置代码补充完整。

```
<HUAWEI>  （6）
<HUAWEI>  （7）  SW1
[SW1] poe power-management   （8）
[SW1] interface GigabitEthernet 0/0/1
[SW1-GigabitEthernet0/0/1] poe power   （9）
[SW1-GigabitEthernet0/0/1] poe priority   （10）
[SW1-GigabitEthernet0/0/1] quit
[SW1] interface GigabitEthernet 0/0/2
[SW1-GigabitEthernet0/0/2] poe power   （11）
[SW1-GigabitEthernet0/0/2] poe priority   （12）
[SW1-GigabitEthernet0/0/2] quit
[SW1] interface   （13）
[SW1-GigabitEthernet0/0/3] poe power 5000
[SW1-GigabitEthernet0/0/3] quit
[SW1]   （14）  tset 2:00 to 6:00 daily
[SW1] interface GigabitEthernet 0/0/4
[SW1-GigabitEthernet0/0/4] poe   （15）  time-range tset
Warning: This operation will power off the PD during this time range poe. Continue?[Y/N]:y
[SW1-GigabitEthernet0/0/4] quit
```

（6）～（15）备选答案：

    A．sysname   B．5000   C．time-range   D．power-off

E．auto   F．system-view   G．critical   H．high
I．15000   J．GigabitEthernet 0/0/3

答案：

【问题 1】（1）A　（2）C　（3）F　（4）B　（5）D

【问题 2】（6）F　（7）A　（8）E　（9）B　（10）H　（11）I　（12）G　（13）J　（14）C　（15）D

参 考 文 献

[1] 严体华，谢志诚，高振江．网络规划设计师教程 [M]．北京：清华大学出版社，2021．

[2] 张永刚，王涛，高振江．网络工程师教程 [M]．北京：清华大学出版社，2024．

[3] 谢希仁．计算机网络 [M]．8 版．北京：电子工业出版社，2021．

[4] Behrouz A.Forouzan．TCP/IP 协议族 [M]．4 版．王海，张娟，朱晓阳，等译．谢希仁，审校．北京：清华大学出版社，2019．

[5] 威廉·斯托林斯（William Stallings）等．现代网络技术：SDN、NFV、QoS、物联网和云计算 [M]．胡超，邢长友，陈鸣，译．北京：机械工业出版社，2018．

[6] 沈宁国，丁斌，黄明祥，等．园区网络架构与技术 [M]．2 版．北京：人民邮电出版社，2022．

[7] 薛大龙．信息安全工程师考试 32 小时通关 [M]．北京：中国水利水电出版社，2024．

[8] 刘丹宁，田果，韩士良．路由与交换技术 [M]．北京：人民邮电出版社，2020．

[9] 王达．华为 HCIA-Datacom 学习指南 [M]．北京：人民邮电出版社，2021．

[10] 王达．华为 HCIA-Datacom 实验指南 [M]．北京：人民邮电出版社，2021．